室内设计原理与实践研究

刘　菁　著

山东画报出版社

济南

图书在版编目（CIP）数据

室内设计原理与实践研究 / 刘菁著. -- 济南：山东画报出版社，2024.1

ISBN 978-7-5474-4679-9

Ⅰ.①室… Ⅱ.①刘… Ⅲ.①室内装饰设计 Ⅳ.①TU238

中国国家版本馆CIP数据核字(2023)第255982号

SHINEI SHEJI YUANLI YU SHIJIAN YANJIU

室内设计原理与实践研究

刘 菁 著

责任编辑　郑丽慧　张飒特
装帧设计　蓝　博
内文插图　陈宏伟

主管单位　山东出版传媒股份有限公司
出版发行　山东画报出版社
　　社　　址　济南市市中区舜耕路517号　邮编 250003
　　电　　话　总编室（0531）82098472
　　　　　　　市场部（0531）82098479
　　网　　址　http://www.hbcbs.com.cn
　　电子信箱　hbcb@sdpress.com.cn
印　　刷　武汉鑫佳捷印务有限公司
规　　格　185毫米×260毫米　16开
　　　　　　14印张　　320千字
版　　次　2024年1月第1版
印　　次　2024年1月第1次印刷
书　　号　ISBN 978-7-5474-4679-9
定　　价　68.00元

前言 / PREFACE

　　《室内设计原理与实践研究》是一部系统而深入地探讨室内设计领域的学术著作，旨在为专业室内设计师、学生以及相关领域的从业者提供全面而深刻的理论指导和实践经验。本书围绕室内设计的理论基础、基本原则、设计流程、应用领域、趋势、实践案例及未来发展展开论述，深入剖析室内设计的多个方面，旨在为读者提供丰富的知识体系，使其能够更好地理解、应用和推动室内设计的发展。

　　首先，本书从室内设计的理论基础出发，系统地介绍了室内设计的定义和意义。通过对室内设计与建筑设计关系的深入剖析，读者能够清晰理解室内设计在整个建筑领域中的独特地位和作用。同时，通过对室内设计的发展历程和现状进行考察，本书力求揭示室内设计领域的动态变化和未来趋势。第二章聚焦于室内设计的基本原则，包括空间规划、空间比例、色彩搭配、材料选择、灯光设计、家具布置以及空气流通原则等。通过深入挖掘这些原则的内涵，本书力求为读者提供创造独特、实用且符合人体工程学的设计方案的关键知识。在第三章，本书详细阐述了室内设计的流程，包括项目管理、客户需求分析与概念设计、设计方案制定、设计方案表达与沟通、方案的细化与深化以及施工图的制定和执行。通过深入剖析每个设计阶段的关键步骤，本书旨在为读者提供系统而实用的室内设计流程指南。第四章则全面覆盖室内设计在不同应用领域的具体实践，包括住宅、商业、办公室以及公共空间室内设计。通过对不同场景的设计需求和特点的剖析，本书旨在帮助读者更好地理解和适应多元的设计环境。在第五章中，本书探讨了室内设计的趋势，重点关注环保与可持续发展、人性化设计、科技与数字化以及可访问性设计等方面。通过对未来设计发展的前瞻性分析，本书旨在启发读者思考创新设计的可能性，提出未来室内设计的发展方向。第六章聚焦于室内设计的实践，通过实践案例的深度分析，为读者提供宝贵的经验教训和实际操作指南。同时，本章还探讨了室内设计职业规划，帮助读者更好地规划和发展自己在室内设计领域的职业生涯。最后一章回顾室内设计的创新与发展，探讨室内设计与未来城市的关系以及室内设计师未来职业发展的趋势。通过对未来的深刻洞察，本书旨在为读者提供思考和行动的动力，推动室内设计领域的创新与发展。

在撰写本书的过程中，笔者充分借鉴了丰富的学术研究和实践经验，力求呈现一个全面、系统而有深度的室内设计学术著作。相信通过学习本书，读者将能够深入理解室内设计的本质与要素，不仅能够在实践中运用所学知识，更能够在未来的室内设计领域中发挥创新的作用，推动整个行业的不断进步。

刘菁

2023.12

目录/CONTENTS

第一章　室内设计理论基础

第一节　室内设计定义和意义

一、室内设计概念

（一）室内设计的范围和内涵

1. 室内设计的定义

（1）室内设计概述

室内设计是一门融合艺术与科学的综合性学科，通过创造性规划、设计和装饰，致力于优化室内环境，使其既满足用户需求，又具备美感和实用性。该领域涉及多个方面，包括但不限于空间布局、材料选择、色彩搭配等。

（2）设计过程与方法

室内设计的过程通常包括项目调研、概念设计、设计开发、施工图阶段以及最终的实施和验收。设计师在这个过程中需要运用多种方法，如三维建模、手绘、色彩理论等，以确保设计方案既实现实用性，又具备审美价值。

2. 室内设计的范围

（1）住宅设计

在住宅设计中，设计师需要考虑居住者的生活习惯，合理安排空间布局，确保功能性的同时提升居住舒适度。选择合适的材料和装饰是住宅设计中的关键步骤，设计师需要考虑材料的质地、颜色、耐久性等因素，以打造一个温馨且个性化的居住空间。

（2）商业设计

商业设计注重体现品牌形象，设计师需要通过空间布局、灯光设计等手段创造独特的品牌氛围，吸引顾客并提升购物体验。考虑到可持续性发展，商业设计还需要关注节能、环保等方面，推动绿色设计理念在商业空间中的应用。

（3）办公设计

办公设计旨在提高工作效率，设计师需要考虑工作流程、员工互动等因素，同时关注员工的舒适度和健康。随着技术的发展，办公设计中逐渐引入数字化设计工具，如虚拟现实（VR）和增强现实（AR），以提升设计效率，便于和客户交流。

（4）文化因素与地域特色

在室内设计中，融入当地文化元素是关键之一，设计师需要了解当地文化传统，将其融入设计，使空间更具独特性和认同感。不同地域有不同的气候、风土人情，室内设计需要考虑地域特色，以适应当地环境，提高设计的实用性和适应性。

（二）室内设计在空间美学和功能性方面的重要性

1. 空间美学的角度

（1）空间形象的塑造

室内设计在空间美学方面的首要任务之一是塑造空间形象。设计师通过对空间的布局、结构和装饰等方面的精心设计，创造出独特的室内环境。这不仅关乎整体观感，更是与用户的审美体验直接相关。

（2）艺术氛围的创造

艺术氛围是室内设计中不可忽视的要素。通过对色彩、光影、材料的运用，设计师能够打造出兼具美感和艺术性的室内环境。这种艺术氛围不仅使空间富有层次感，还能引发人们的情感共鸣。

（3）色彩、形状、质感的巧妙运用

色彩是空间美学中的核心元素之一，不仅影响整体氛围，还能吸引人们的注意力。设计师需要考虑色彩的搭配和对空间氛围的影响，以达到预期的美学效果。

空间中的各种形状，包括家具、装饰物等，都是空间美学的重要组成部分。通过巧妙的形状设计，可以创造出动感、稳重或者温馨的氛围，与空间的功能需求相互融合。

材料的质感直接关系到空间的触感和视觉感受。室内设计师需要深入了解不同材料的质地，通过合理搭配，使空间呈现出丰富的质感和层次，提升整体美学品质。

2. 功能性的考量

（1）功能性布局的重要性

室内设计在满足功能需求上扮演着关键的角色。功能性布局不仅关系到空间的实用性，还直接影响用户的生活品质。设计师需要深入了解用户的生活习惯和需求，通过巧妙的布局，使空间实现最佳的功能性表现。

（2）人体工程学原理在设计中的应用

根据人体工程学原理，设计师需要考虑用户在空间中的活动习惯和行为特点，合理规划活动区域，使之符合人体结构和动作的自然要求，提高空间的人性化。在室内设计中，家具和设备的选择及布置也是关键的功能性考量。符合人体工程学的家具布局不仅提高了空间利用率，还使用户在空间中的活动更加舒适和自如。

（3）空间的实用性与美观性的统一

功能性和美观性并非对立，而是相辅相成。室内设计师需要在满足功能需求的基础上，通过巧妙的设计手法，使空间既实用又具备艺术性，实现实用性与美观性的统一。

二、室内设计的意义

（一）室内设计对个体和社会的影响

1. 室内设计对个体心理与行为的影响

（1）心理健康与情感体验

室内设计中的色彩选择对个体的情感体验产生深远影响。温暖色调如红色和橙色能够激发人的活力与热情，而冷色调如蓝色和绿色则有助于放松心情，设计师通过巧妙运用这些色彩，可以塑造出符合居住者情感需求的室内环境。室内设计通过合理的空间布局和家具摆放，影响个体的行为和情绪状态。例如，一个开放式的空间设计可以促进交流和互动，而合理布置的休息角落则有助于放松和缓解压力，对个体的心理健康产生积极影响。自然元素如植物、自然光线等的引入在室内设计中被认为有助于提升居住者的情感体验。绿植的存在可以营造出自然、宁静的氛围，而充足的自然光线则有助于维持生物节律，对个体的精神状态产生积极影响。

（2）设计元素对行为的塑造

室内设计通过考虑功能性的布局和设备安排，能够影响个体的行为效率。例如，一个办公室的设计是否符合人体工程学原理，直接关系到员工的工作效率和舒适感。设计师在选择材料时，要考虑到触感体验对个体的影响。舒适的质感材料能够提升空间的品质感，进而影响个体的行为，使其更愿意在该空间中停留和互动。通过调整空间的氛围，设计师能够引导个体的行为。例如，在一个餐厅设计中，温馨的氛围可以促进交流，而安静的氛围则更适合个体专注工作。

2. 室内设计对社会交往与文化传承的影响

（1）社交场合的重要性

商业空间的设计直接影响顾客的购物体验和社交活动。合理的空间布局和设计元素可以促进顾客之间的互动，提升购物的社交性，为商家创造更多商业机会。室内设计在社区空间中的运用对邻里关系的建立和社会互动有着深远的影响。设计师通过创造舒适、宜人的社区环境，促进居民之间的互动，有助于形成更为紧密的社区群体。

（2）文化传承与设计表达

室内设计是文化传承的表达之一，设计师通过融入当地的文化元素，如传统手工艺、建筑风格等，传递和弘扬当地文化，为社区提供独特的文化体验。设计元素可以成为文化符号，传递着特定的文化价值观。通过在设计中融入象征性的符号和艺术元素，设计师能够创造出具有独特文化认同的空间，为社会传递深刻的文化信息。

（3）可持续性设计与社会责任

室内设计中的可持续性设计理念不仅关乎环境保护，还涉及社会责任。设计师通过选择环保材料、推动节能设计等方式，对社会产生积极的环保影响，引导社会朝着可持续发展的方向迈进。设计师在实践中对社会的责任感表现在对人类生活的改善和对文化传承的关注上。通过设计实现社会的可持续发展，设计师不仅是空间创造者，更是社会的参与者。

（二）强调室内设计在提升生活品质和创造良好环境中的作用

1. 生活品质的提升

室内设计在提升生活品质方面扮演着至关重要的角色。通过提供舒适、实用、美观的环境，室内设计不仅仅是空间布置，更是关系到居住者的幸福感和生活体验。本节将深入分析室内设计如何在不同层面上实现生活品质的提升。

（1）舒适度的体验

在室内设计中，舒适度是提升生活品质的首要考虑因素。通过人体工程学原理，设计师能够合理规划家具布局、优化空间流通，以确保居住者在室内环境中能够得到身心的舒适体验。首先，室内设计要考虑到人体的自然姿势和习惯，合理布置家具，确保坐卧的姿势符合人体工程学的原理，从而减轻身体的疲劳感。其次，设计师要充分考虑空间的通风与采光，通过合理的窗户设置和通风系统规划，使空气流通，确保室内空气新鲜，营造宜人的居住环境。

（2）实用性的设计

生活品质的提升也与室内设计的实用性密切相关。首先，室内设计要充分考虑家庭成员的实际需求，根据他们的生活习惯和喜好，定制化空间布局。其次，在家具和材料的选择上注重实用性。选择易清洁、耐磨的材料，使居住者能够更轻松地维护室内环境的整洁与卫生。此外，合理利用储物空间，通过巧妙的收纳设计，使空间更有序，减少杂物对生活的干扰。

（3）美观感的打造

室内设计的美观感是提升生活品质的重要因素。首先，通过色彩搭配、家具摆放等手法，设计师能够营造出具有个性和品位的室内环境。其次，艺术品和装饰品的巧妙运用也能够为空间增色不少，使室内更具艺术氛围。再次，照明设计的合理运用对于美感的打造至关重要，不仅提供足够的光线，还能通过灯光的温暖和柔和，为居住者创造出舒适而温馨的氛围。

（4）幸福感的营造

生活品质的提升最终体现在居住者的幸福感上。首先，室内设计要关注家庭成员的情感需求，通过独特的设计元素和布局，打造一个家的温馨与温暖。其次，注重设计与自然环境的融合，通过引入自然元素、绿植等，创造出与自然和谐相处的居住空间。再次，借助科技手段，如智能家居系统，提高居住的便捷性和舒适度，为家庭成员创造更多幸福的生活体验。

总体而言，室内设计通过关注舒适度、实用性、美观感和幸福感等多个方面，为居住者提供一个更具品质和幸福感的生活空间。设计师在实践中需要不断地探索创新，结合科技、文化等因素，为不同家庭打造出独特而美好的居住环境，使生活品质得到更全面的提升。

2. 环境可持续性的推动

室内设计在可持续性方面的作用愈发受到重视。设计师在空间规划、材料选择和能源利用等方面发挥着关键作用，以促进生态平衡、保护自然资源，并为可持续的未来做出贡献。

（1）能源的合理利用

室内设计通过采用高效的能源利用方案，首先为可持续性目标做出了贡献。这包括自然光的最大化利用，通过巧妙的窗户设计和照明系统规划，减少对人工照明的依赖。其次，设计师可以选择使用能效较高的家电设备，以及整合智能家居系统，通过智能化管理，最大程度地减少能源浪费。

（2）环保材料的选择

室内设计在材料的选择上发挥着至关重要的作用，为环保材料的广泛应用提供了可能。首先，设计师可以选择可再生材料，如竹地板、可再生纤维等，以减少对自然资源的过度开采。其次，推动使用低 VOC（挥发性有机化合物）的涂料和材料，以减少室内空气污染。再次，倡导循环经济理念，通过回收再利用材料，减少建筑垃圾对环境的不良影响。

（3）生态平衡的促进

室内设计的决策直接影响到生态平衡的促进，要考虑生态系统的健康和保护。首先，通过绿色植物的引入和合理的景观规划，设计师能够提高室内空气质量，促进自然的生态平衡。其次，设计师可以鼓励居住者采用可持续的生活方式，例如鼓励垃圾分类、倡导低碳生活等，以推动人们与自然环境的和谐共处。

（4）设计对环境可持续性的责任和贡献

室内设计的可持续性不仅仅是一种趋势，更是设计师的责任和贡献。首先，设计师应当积极参与环保认证体系，如 LEED 认证，通过专业的认证体系推动可持续设计的实施。其次，设计师要积极倡导绿色设计理念，引导整个行业更加注重环保和可持续性。再次，设计师应当关注并参与相关环保项目，通过设计的实际行动为环境的可持续性发展做出贡献。

总体而言，室内设计在环境可持续性方面的推动有助于建立更加可持续的未来。设计师通过合理规划能源利用、选择环保材料、促进生态平衡，不仅满足了现代社会对于舒适居住的需求，更为环保事业贡献力量。设计的责任感和创新精神将为我们共同构建可持续的、更加美好的生活空间。

第二节 室内设计与建筑设计的关系

一、室内设计与建筑设计的区别

（一）分析两者的定义和定位

1. 建筑设计的定义

建筑设计则更广泛，包括对建筑整体的规划、设计和建造。它不仅涉及外部结构、形式，还包括建筑与周围环境的关系、城市规划等更宏观的层面。

（1）建筑设计的概念

建筑设计是一门综合性的艺术和科学，首先涉及对建筑整体的规划、设计和建造的过程。这一过程需要建筑师不仅具备对空间、结构、功能的深刻理解，还要考虑到文化、社会、环境等多重因素。建筑设计旨在创造具有美感、实用性和可持续性的建筑空间，以满足人们的居住、工作、文化等多样化需求。

（2）建筑设计的广泛内容

建筑设计涵盖了多个方面，其中之一是外部结构与形式的规划。这方面的考虑不仅限于建筑的外部形态，还包括对外部结构的精心设计。建筑师在着手设计时，首先需要关注建筑的整体外观，包括形状、比例和线条等因素，以确保建筑在空间中呈现出令人愉悦的视觉效果。其次，建筑结构的设计涉及建筑的稳定性和承重系统等方面，必须确保在实际使用中具备足够的安全性。

另一个重要考虑因素是建筑与周围环境的关系。在这方面，首先需要对建筑所处地理位置和气候条件有充分了解。建筑应当与周围的自然环境协调，充分利用阳光、风景等自然资源。其次，建筑在城市规划中的定位也至关重要，需要考虑城市的整体格局和交通流线等因素，以确保建筑与城市环境相互融合。

社会文化因素也是建筑设计中不可忽视的考量。首先，建筑的设计必须符合特定社会文化背景下的使用需求，无论是住宅、商业空间还是文化场所，都需要满足社会功能的要求。其次，建筑设计还应考虑历史文化的传承与创新，探讨如何在设计中融入本地传统建筑风格，或通过现代设计表达新的文化理念。这不仅涉及建筑的外观和结构，还涉及建筑内部空间的布局、装饰等方面，以营造具有独特文化氛围的建筑环境。

因此，建筑设计的广泛内容不仅仅是外部形态和结构的考虑，还涵盖了与周围环境的协调以及社会文化因素的深刻思考。这种综合性的设计理念旨在创造既具有艺术性和实用性，又能与周围环境和文化相契合的建筑空间。

（3）建筑设计的创新与可持续性

建筑设计在实践中积极追求创新与可持续性，这体现在设计理念以及对环境和资源的关注上。创新是建筑设计的灵魂，首先表现在对新材料和新技术的不断探索与应用。建筑师不仅要关注传统材料的使用，还需要不断研究和引入新型材料，如具有高强度、轻质、环保等特性的新型建筑材料。同时，创新也体现在对新技术的充分利用上，例如在建筑设计中融入数字技术，如智能建筑系统、可穿戴技术等，以提升建筑的智能化水平，创造更加智能、便捷、舒适的居住体验。

可持续性设计是当今建筑领域的一个重要关切，首先表现在对能源的合理利用上。在设计阶段，建筑师应当从能源角度出发，采用绿色建筑技术，例如通过太阳能、风能等可再生能源的应用，以减少对传统能源的依赖。其次，可持续性设计还着重于建筑材料的选择，倾向于选用可回收、可再生、低碳排放的材料，以减少对环境的不良影响。再次，可持续性设计考虑建筑的整个生命周期，包括设计、建造、使用和拆除等阶段。在每个阶段都要寻求对资源的最优利用，减少浪费和对环境的负担。

因此，建筑设计的创新与可持续性密不可分，通过对新材料、新技术的探索与应用，以及对能源和材料的可持续性考量，建筑设计能够不断演进，满足当代社会对于创新和可持续发展的需求。这一综合的设计理念有助于推动建筑行业朝着更加环保、智能、可持续的方向发展。

（4）建筑设计师的社会责任

建筑设计师肩负着重要的社会责任，其工作不仅仅关乎建筑的外观和结构，更涉及对社会、环境和公共利益的综合考虑。

在社会责任的层面上，建筑设计师首先需要关注建筑对社会的影响。这体现在对公共利益的深刻考量上，其中首要之处在于建筑对城市和社区的贡献。通过创造具有文化、教育、休闲等功能的建筑，建筑设计师为社会提供了多样性的服务。这不仅使城市面貌更为丰富多彩，还为居民提供了丰富的文化和娱乐选择。其次，建筑设计师在工作中需要考虑到特殊群体的需求，如残疾人、儿童等。通过合理的设计，建筑设计师借助建筑可以打造一个更加包容和友善的城市环境，确保每个社区成员都能够享受到建筑所带来的便利和舒适。

另一方面，建筑设计师还需要对环境保护负起责任。首先，建筑设计应充分考虑对自然环境的影响，通过合理规划建筑布局、选择环保材料等方式，以降低对自然资源的消耗。其次，建筑设计要注重对城市绿化的贡献，通过绿化屋顶、规划绿地等手段，积极改善城市的生态环境，推动城市可持续发展。这不仅有助于改善空气质量，还为城市居民提供了更多的户外休闲空间，促进健康生活方式的形成。

因此，建筑设计师的社会责任不仅仅体现在建筑的形式和结构上，更表现在对公共利益和环境保护的深刻考虑上。通过合理、创新的设计理念，建筑设计师能够为社会创造更美好、更可持续的未来。

2.区别的关键点

室内设计与建筑设计在其关注重点上存在着明显的区别。室内设计强调对建筑内部空间的细节和氛围的精心打造。它关注墙面、地面、天花板等每个空间元素的细节，通过精选的材料、色彩搭配、照明设计等手法，创造出与居住者需求和审美趣味相契合的室内环境。氛围的营造也是室内设计的重要方面，通过照明、色彩的巧妙运用，设计师可以塑造出温馨、舒适或现代、时尚等不同的氛围，以满足用户在不同场景下的需求。

相比之下，建筑设计更加注重整体结构、外观以及与周围环境的协调。建筑设计师从建筑的整体规划开始，考虑建筑的平面图、立面图、剖面图等方面，以确保建筑在空间上达到稳定、协调和功能合理的效果。外观的设计也是建筑设计的一个重点，通过对建筑的外部形式、线条、比例等方面的精心设计，建筑可以在城市或自然环境中呈现出独特的艺术性和形象。此外，建筑设计需要与周围环境协调一致，使建筑融入自然或城市环境，形成一种和谐的整体。

因此，室内设计和建筑设计在关注点上存在着明显的差异，室内设计侧重于内部空间的细节和氛围，而建筑设计更关注整体结构、外观以及与周围环境的协调，两者共同构成了建筑领域中不同但相互交融的专业领域。

（二）强调室内设计在建筑全局中的独立性和协同性

1.室内设计的独立性

室内设计在其创造性过程中展现了明显的独立性，超越了简单的建筑设计的附庸地位，成为一个独立而自主的领域。这一领域的独立性体现在它独立决策的过程中，这一过程包括对功能、美感以及用户需求的深入独立思考。

首先，室内设计的独立性在于其强调对功能的独立思考。设计师需要全面理解空间的使用需求，考虑到各种功能的实现。这不仅仅涉及基本的空间规划，还包括对不同区域的实际功能需求的深入了解。例如，住宅的室内设计需要考虑到居住者的日常生活习惯，而商业空间的设计则需要满足特定业务的功能需求。设计师在这一独立决策的过程中，通过对功能性的细致分析，为空间创造出最佳的使用体验。

其次，美感是室内设计独立决策中的关键元素。与建筑设计的整体性相比，室内设计更加注重对内部空间的审美处理。设计师需要独立思考如何通过材料的选择、色彩的搭配、家具的布置等手段，打造出具有艺术性和视觉吸引力的室内环境。这种独立决策过程使得每个室内设计都能够呈现出独特的风格和氛围，满足用户对美感的独立追求。

最后，室内设计强调对用户需求的独立思考。与建筑设计可能更偏向整体性规划不同，室内设计更贴近居住者或使用者的个性需求。设计师需要深入了解用户的生活方式、喜好和习惯，以确保设计既符合功能要求，又满足个体化的需求。这种独立决策过程通过个性化的设计，使得每个室内空间都能够成为一个独特而温暖的个体化场所。

因此，室内设计作为一个独立的领域，其独立性体现在对功能、美感和用户需求的深度独立思考过程中。设计师通过这一过程，创造出丰富、独特且满足用户个性需求的室内环境，为居住者提供更加舒适、美好的生活体验。

2. 室内设计的协同性

室内设计与建筑设计之间存在着密切的协同关系，这种协同性贯穿于整个建筑设计的过程中。在建筑设计的初期阶段，建筑师与室内设计师之间的紧密合作尤为关键，以确保空间规划和功能布局的一致性，实现建筑内外的无缝连接。

这种协同性在空间规划和功能布局上体现得尤为明显。室内设计师需要深入了解建筑的整体结构和布局，以确保室内空间的设计与建筑的外观和内部结构相协调。在建筑师提出建筑方案的同时，室内设计师也需要介入并提供关于空间布局、通风、采光等方面的建议。通过共同的讨论和决策过程，建筑与室内的设计能够形成一个有机统一的整体，满足使用者对于建筑的全方位需求。

另一方面，室内设计在建筑全局中扮演着不可或缺的角色。室内设计并非仅仅是建筑设计的附属部分，而是在建筑全局中发挥着积极作用。室内设计旨在与建筑结构相互融合，为整个建筑创造更加和谐的氛围。通过巧妙的空间规划、材料选择和装饰手法，室内设计能够强化建筑的整体形象，为用户提供更为舒适和愉悦的居住或工作环境。

综合而言，室内设计与建筑设计之间的协同性体现在早期的密切合作和在整个建筑设计过程中的相互影响与补充。这种协同关系不仅有助于确保建筑内外的一致性，还使建筑成为一个更为和谐、功能完善的整体，最终实现了建筑的美学与实用的有机统一。

二、建筑与室内的一体化设计

（一）室内设计作为建筑设计的延伸

1. 一体化设计的概念

室内设计作为建筑设计的延伸体现了一体化设计的核心概念。一体化设计不仅仅是建筑与室内两者的简单叠加，而是将室内设计看作是建筑设计的有机延伸，两者相辅相成、相互融合。这意味着在整个设计过程中，建筑和室内设计的关系应当是紧密相连、相辅相成的，而非独立存在的两个部分。

首先，一体化设计强调建筑与室内的无缝连接。它追求在建筑的外部形式和内部空间之间实现完美的融合，使得建筑的设计不再被看作是外立面和结构，而是一个整体的生态系统。室内设计通过对建筑外观的呼应和内外空间的和谐衔接，使整个建筑呈现出统一的风貌，增强了建筑的整体性和辨识度。

其次，一体化设计关注的是整体用户体验。建筑和室内设计在满足功能需求、创造美感、提高居住质量等方面有着共同的设计目标。一体化设计的初衷在于通过共同的设计理念和目标，为用户创造出更为完美、一致的居住或工作环境。这意味着在设计过程中，建筑与室内的设计应相互补充，相互强化，共同追求用户体验的最优化。

2.共同的设计目标

建筑设计和室内设计在设计目标上具有很强的共通之处。首先，它们都致力于提供功能性的解决方案。建筑需要满足空间的使用需求，而室内设计则通过巧妙的空间规划和布局来优化功能性。这种功能性的共通性使得两者之间的协同更为紧密，从而实现整个设计的高效性。

其次，创造美感是建筑和室内设计的共同追求。建筑外观和内部空间的美感在一体化设计中需要保持一致，以构建一个整体和谐的环境。建筑通过外观的线条、形状等元素创造美感，而室内设计通过色彩搭配、材料选择等手法进一步强化这种美感，形成一个视觉上统一的整体。

最后，满足用户需求是建筑和室内设计的共同使命。一体化设计强调整个设计过程中用户体验的一致性，建筑与室内设计共同追求为用户创造出令人满意的居住或工作环境。用户在建筑和室内之间的流畅体验是一体化设计的最终目标，需要通过共同的努力来实现。

总体而言，一体化设计的概念强调了建筑和室内设计之间的密切关系，将室内设计视为建筑设计的延伸。在共同的设计目标下，它们相互融合、相辅相成，最终实现了整个建筑环境的一体性和协同性。

（二）一体化设计对整体空间体验的影响

一体化设计的核心在于通过建筑与室内设计的有机结合，提升整体空间的流畅性和用户体验。这一综合性设计理念对空间体验产生了深远的影响，体现在空间的流畅性与统一感的提升以及用户体验的全面优化两个方面。

1.空间的流畅性与统一感

一体化设计强调建筑与室内设计之间的密切关联，使整个空间呈现出更高水平的流畅性与统一感。首先，在建筑结构和外观方面，一体化设计要求室内设计与建筑相互协调，以创造出内外一致的设计语言。这种一致性使得整个建筑环境更具统一感，从而为使用者提供了更加和谐的视觉体验。

其次，一体化设计注重室内设计与建筑结构的紧密结合，通过巧妙的空间规划使内外空间形成自然过渡。流畅的空间布局和统一的设计元素使使用者在整个建筑中可以流畅地穿梭、无感地过渡，增加了空间的易用性。这样的设计手法同时强调了整个空间的一体性，使得建筑的内外边界变得模糊，创造了更加开放和连贯的使用体验。

2.用户体验的优化

一体化设计不仅关注空间的外在表现，更追求对用户体验的全面优化。这一综合性设计理念涵盖了空间的各个方面，从布局到光照、通风等多个层面都对用户体验产生深刻影响。

首先，一体化设计在空间布局上追求最优化，考虑到使用者的需求，使得空间更加符合人体工程学原理。合理的布局不仅提高了空间的实用性和舒适性，同时创造了更加通畅的使用流线，使得用户在空间中的活动更为便捷。

其次，一体化设计通过光照与通风等设计手法，优化了空间的环境品质。合理的采光设计和通风系统既能够提高空间的舒适性，又能够为用户创造出更为健康宜人的居住环境。这种关注用户体验的设计理念使得整个建筑成为一个宜居的空间，更加贴近居住者的实际需求。

总体而言，一体化设计对整体空间体验的影响表现在提升了空间的流畅性和统一感，以及通过优化用户体验的各个方面，创造出更为舒适、实用且个性化的居住环境。这一设计理念在建筑与室内之间的协同中得以体现，为用户提供了更为完美的使用体验。

第三节　室内设计的发展历程和现状

一、室内设计的历史演变

（一）国内室内设计的进展

1. 原始社会至秦汉时期的室内设计

（1）原始社会至商朝时期

在原始社会的西安半坡村，居住空间的设计已展现出对功能性和空间布局的关注。这时期的室内设计注重按使用需要对空间进行分隔，特别是考虑到入口与火炕的位置，通过合理的布置使居住空间更加实用。这种早期的室内设计反映了人们对居住环境的实际需求和对空间功能的认知。

原始社会的居住空间设计并非仅仅是简单的居住需要，更是与人类的生活方式和社会结构相密切关联的产物。通过将室内分隔以适应不同的功能区域，人们在居住环境中创造了更为灵活和有序的空间布局。这种早期的室内设计体现了人类对于居住空间的创造性规划，是室内设计历史演变中的重要起点。

在这个时期，尽管室内设计的表现形式可能相对简朴，但从分隔空间到合理布置的关注，已经奠定了后来室内设计的基础。这种注重功能性和实用性的设计思想在不同历史时期不断演变和发展，为室内设计领域的未来创新提供了有力的启示。

（2）商朝至秦汉时期

商朝至秦汉时期的室内设计呈现出独特而精致的特点，反映了当时社会文化的繁荣和建筑技术的进步。

商朝时期的宫室展示了室内空间的井然有序和规整严谨。这一时期的宫殿建筑在空间布局上呈现出秩序井然的特征，建筑结构规整有序。宫室内装饰朱彩木料、雕饰白石等材料的运用，凸显了对室内设计精致装饰的高度关注。这种注重细节和材质的选择，标志着当时人们对室内设计美感的重视程度。

而在秦汉时期，阿房宫和未央宫的建筑更是展现了对室内设计的深入思考和更为精致的表现。这些宫殿引入了朱彩、雕刻等更为精致的元素，使室内空间更加豪华和富丽堂皇。这不仅体现了社会的繁荣和政治文化的昌盛，同时也表明了人们对室内设计的审美要求逐渐升级，追求更高层次的艺术表达。

在商朝至秦汉时期，室内设计不仅注重实用性和空间布局的有序性，更强调了对美感和装饰性的追求。这为后来室内设计的发展奠定了基础，同时也反映了当时社会对建筑艺术的高度认可和重视。

2. 春秋时期至明清时期的室内设计

（1）老子的辩证法思想

老子在《道德经》中以深刻的辩证法思想阐述了"有"与"无"、围护与空间的关系，为后来的室内设计提供了重要的哲学指导。他的思想体现了对室内空间围合、组织和利用的深刻理解。

在老子的哲学体系中，他提出了"有"与"无"相互依存、不可分割的观点。这种相互依存关系揭示了一种辩证的思维方式，即在室内设计中，围合与空间、有与无之间存在着密切的关联。老子的这一观点指导室内设计师要综合考虑空间的围合与自由，充分利用"有"与"无"的关系，以创造更为和谐与宜居的室内环境。

老子对"有"与"无"的辩证关系同时提醒人们在室内设计中注重围护与开放的平衡。围合的空间可以为居住者提供安全感和私密性，而开放的空间则可以引入自然光线和空气，创造通透的居住环境。因此，在室内设计中，设计师需要审慎权衡，使围合与开放之间达到最佳的平衡状态。

老子的辩证法思想为室内设计提供了深刻的理论基础，强调了空间的动态平衡和对自然的敏感。室内设计师可以通过理解老子的哲学观点，更好地把握空间的围合与自由，创造出更具人文关怀和哲学内涵的设计作品。

（2）文献记载与古代专著

古代文献如《考工记》《梓人传》《营造法式》以及计成的《园冶》等都是宝贵的资源，其中蕴含了对室内设计的深刻认知和实践经验。这些古籍反映了古代社会对于建筑环境的关注与探讨。

在《考工记》中，涉及室内设计的内容不仅包括建筑结构，还涉及空间的组织和装饰。这些记载展示了古代对于室内设计的综合性思考，从建筑的实用性到空间的美感都得到了充分的关注。

《梓人传》则在探讨建筑与室内设计的关系时，提供了对于空间布局和装饰的理念。这反映了古代文化对于居住环境的精致追求，为后来的室内设计提供了启示。

另一方面，《营造法式》和计成的《园冶》则更为专注于建筑与环境的和谐。这些专著中所包含的室内设计相关内容，不仅强调了建筑的实用性，还注重了建筑与周围环境的融合，体现了古代对于室内设计与自然、文化因素相互关联的思考。

这些文献的记载为今天的室内设计师提供了丰富的历史经验和设计灵感。通过研究古籍，我们能够更好地理解古代文化对于室内设计的重视，同时汲取古代智慧，为现代室内设计注入更为深厚的文化内涵。

（3）清代名人笠翁李渔的见解

笠翁李渔，清代名人，对我国传统建筑室内设计提出了许多深刻见解，这些见解在他的著作《一家言居室器玩部》中得到了充分体现。在这部专著的居室篇中，李渔阐述了他对室内设计与装修的独到看法。

首先，李渔提到"贵精不贵丽"，强调室内设计应注重精致而不追求过分奢华。这反映了他对于室内设计中实用性与品位的关注。他的这一观点在今天仍然具有启示意义，提醒我们在设计中要注重功能性，而非盲目追求炫目的外表。

其次，李渔关于"窗棂以明透为先"的见解，强调了室内设计应注重采光与通透性。他对于窗棂设计的强调不仅是为了让室内空间更明亮，同时也涉及对空间布局与氛围的考虑。这一观点与现代室内设计中对自然光的利用和空间通透性的追求相契合。

总体而言，笠翁李渔的这些见解凸显了他对室内设计的审美追求和实用取向的平衡。他的理念不仅对当时的建筑文化产生了影响，同时也为后来的室内设计师提供了有益的经验与启示。这种注重品位、实用性的设计理念贯穿古今，为室内设计领域提供了宝贵的文化遗产。

3. 各地民居的建筑形式与室内设计

在中国各地，民居的建筑形式展现了丰富多彩的地域文化，包括但不限于北京的四合院、四川的山地住宅、云南的"一颗印"、傣族的干阑式住宅以及上海的里弄建筑。这些传统建筑形式不仅在外观上反映了地域文化的独特性，而且在室内设计、建筑装饰等方面取得了丰硕的成果，为当代室内设计提供了丰富的参考和灵感。

首先，北京的四合院是中国传统宅院的代表之一。四合院以中庭为中心，四周围合着建筑，形成独特的院落结构。这种形式既体现了中国古代建筑注重庭院空间的理念，同时也为室内设计提供了开放、通透的空间布局。四合院的房间通常面向庭院，使得自然光线能够充分渗透，凸显了空间的通透感。

其次，四川的山地住宅则是根植于地域特点的建筑形式。由于四川山区地势复杂，建筑通常巧妙地依山势而建。在室内设计上，考虑到气候多变，山地住宅通常具备较好的保温性能，并通过布局使得居住者能够更好地适应高海拔环境。

再次，云南的"一颗印"体现了少数民族文化的建筑特色。建筑的整体布局呈现出一枚印章的形状，空间分隔合理，室内设计注重与自然环境的和谐共生。同时，建筑装饰上常常运用丰富的手工艺品，为室内注入了浓厚的地域文化氛围。

最后，傣族的干阑式住宅和上海的里弄建筑则代表了南方地域的建筑特色。傣族的干阑式住宅通过水系与建筑相连，形成独特的空间格局。而上海的里弄建筑则因地域特殊性，强调室内与室外的联系，通过巷道、天井等元素为室内创造了独特的场所感。

这些地域性的建筑形式对室内设计产生了深远的影响。首先，它们为室内设计提供了多样的空间布局和组织方式，使得设计师可以更灵活地运用空间。其次，这些建筑形式在材料选择、装饰元素等方面有独到之处，为室内设计注入了浓厚的文化氛围。最后，这些传统建筑形式的智慧与经验为当代室内设计师提供了宝贵的借鉴和启示。

（二）国外室内设计的进展

1. 古埃及与古希腊罗马时期

（1）古埃及的室内设计

在公元前的古埃及，室内设计体现了对功能性和装饰性的全面考虑。在贵族宅邸中，抹灰墙上绘有彩色竖直条纹，这不仅为墙面增色，还营造了丰富的居住氛围。地面则铺设草编织物，不仅考虑了实用性，还为居住者提供了一种温暖和舒适的触感。此外，各类家具和生活用品的搭配显示出对空间功能的周密策划。特别值得注意的是古埃及卡纳克的阿蒙神宙，通过石柱的雕刻和室内空间的设计，创造了符合神秘信仰氛围的室内环境。这反映了古埃及室内设计不仅注重居住功能，更注重通过设计营造一种特定的文化和宗教氛围。

（2）古希腊与罗马时期的室内设计

古希腊与罗马时期的室内设计展现了建筑艺术和装饰的辉煌成就。首先，雅典卫城上的帕提隆神宙柱廊体现了古希腊人对尺度、比例和石材运用的高度精湛技艺。这种构建形式既创造了室内外空间的过渡，又通过精心设计的柱式展现了建筑的个性。其次，在庞贝城的遗址中，贵族宅邸的室内墙面壁饰、大理石地面以及家具、灯饰的制作程度都表现出室内装饰的成熟。这一时期的室内设计注重于空间的高贵感和精致度，不仅在建筑结构上注重比例，还在装饰品的选择和摆放上讲究品位。这种注重细节和美感的设计理念对后来欧洲建筑和室内设计的发展产生了深远的影响。

（3）古埃及与古希腊罗马时期的启示

古埃及与古希腊罗马时期的室内设计体现了对空间氛围、功能性和装饰性的全面考虑。这一时期的设计注重通过建筑和室内环境传达文化、宗教和社会的价值观。同时，对尺度、比例和材料运用的精湛追求使得室内设计早早地融入了艺术元素，成为建筑与艺术的交融之地。

这一时期的室内设计理念影响深远，成为后来设计师们的灵感源泉。古埃及的神秘氛围、古希腊的高雅与罗马的奢华，都为后来的室内设计师提供了充足的创作元素。这种对空间美感和文化传承的关注，无疑为现代室内设计注入了更为丰富和深厚的内涵。

2. 中世纪与文艺复兴时期

（1）中世纪的室内设计

在欧洲中世纪，室内设计经历了哥特式风格的盛行。哥特式建筑强调垂直线条、尖拱形和精美的尖塔，这些元素不仅体现在建筑结构上，也深刻地影响了室内设计。宫殿、修道院和教堂等建筑中的室内空间被设计成庄重、神秘的氛围。室内壁面常常被涂鸦、彩绘，或用彩色玻璃制成花窗装饰，为空间增添了宗教色彩。此外，中世纪的室内设计注重对细部的精雕细琢，表现出对工艺和装饰艺术的高度追求。

（2）文艺复兴时期的室内设计

文艺复兴时期，欧洲的室内设计经历了一场翻天覆地的变革。受到古罗马和希腊艺术的启发，建筑师和设计师开始追求对称、比例和古典元素的平衡运用。这一时期的室内设计强调对空间的合理布局和对光线的利用。建筑中出现了更大的窗户，使得自然光能够更充分地照亮室内空间。家具设计也更加注重实用性和美学，采用雕刻和镶嵌等工艺，使家具成为室内装饰的重要组成部分。文艺复兴时期的室内设计风格更为开放，展现出对人文主义思想的崇尚和对艺术的独立追求。

（3）中世纪与文艺复兴时期的共同特征

这两个时期的室内设计都注重建筑与装饰的整体性，强调空间的高贵感和艺术性。哥特式的庄严与文艺复兴的开放在某种程度上呼应了古代的古希腊与古罗马文化。两者都表现了欧洲社会在不同历史阶段对建筑与室内设计的独特追求，而在手法和细节上的精湛工艺更是构成了这两个时期室内设计的共同特征。无论是中世纪的细致雕刻还是文艺复兴时期的对称平衡，都反映了对工匠技艺的崇高追求。

中世纪与文艺复兴时期的室内设计不仅是时代的产物，更是后来设计风格的源头。这两个时期的设计理念在后世仍然有着深远的影响。中世纪的神秘庄重影响了后来的哥特式复兴，而文艺复兴时期的追求自然与人文主义的思想，更是为后来的现代主义奠定了基础。这两个时期的共同特征和独特贡献为室内设计领域的发展提供了丰富的启示。

3. 现代主义与工业设计的崛起

（1）包豪斯学派的创建与新时代的开启

1919 年，德国包豪斯学派的创建标志着室内设计迈入了新时代。包豪斯学派的创立者包括建筑师瓦尔特·格罗皮乌斯、设计师玛丽安·布兰特和美术家约瑟夫·阿尔伯斯，他们摒弃了传统的设计观念，强调对功能的极致关注。这一理念对室内设计产生了深远的影响，包豪斯学派倡导的现代主义风格奠定了现代室内设计的基调。

（2）现代主义风格的特征与创新

现代主义的室内设计追求简洁、功能主义和形式的纯粹性。在室内空间中，强调光线的运用和对称的布局。家具设计也变得简单而实用，注重材料的选择和制作工艺。这种设计风格的背后，是对过去沉重复杂的装饰的反叛，强调实用性和美学的统一。现代主义室内设计在对色彩的运用上更加注重对比，创造出清晰而明快的空间氛围。

（3）包豪斯校舍与巴塞罗那展览馆的代表性作品

包豪斯校舍和密斯·凡·德·罗设计的巴塞罗那展览馆成为现代主义与工业设计的代表性作品。包豪斯校舍体现了学派强调的功能主义和材料的实用性，建筑结构简单而实用，内部空间利用充分。巴塞罗那展览馆则展现了现代主义对线条和几何形状的独特运用，同时运用了当时先进的建筑材料，凸显了工业设计的创新性。

包豪斯学派的新观念在建筑和室内设计领域产生了深远的影响。它不仅是一种设计风格，更是一种对传统观念的挑战，提倡的功能主义和实用性的理念影响了后来的现代设计潮流。现代主义与工业设计的崛起，推动了建筑与设计的创新，使其更符合当代生活的需求。这一新观念的持续发展，为建筑和室内设计注入了新的活力和创造性，推动了整个设计领域的不断进步。

二、当前室内设计领域的动态和趋势

（一）室内设计领域的现状

1. 多元文化融合

在当今全球化的社会中，室内设计已经超越了地域和文化的局限，设计师们积极响应多元文化的呼唤，将各种文化元素巧妙融合，创造出独具魅力的多元化设计风格。这种趋势不仅反映了设计师对多样性和包容性的追求，也使得室内设计成为一个充满创意和活力的领域。

多元文化融合在室内设计中的体现主要表现在设计师对不同文化元素的敏感性和深刻理解上。设计师们通过广泛的文化研究和深入的社会调查，积极挖掘各个文化中的独特之处，以获得灵感和启发。从而，设计中融入了东方的神秘主义、西方的现代简约，或者是非洲的原始艺术，这些元素相互交融，形成了独特而丰富的设计语言。

这一趋势不仅表现在装饰和配色上，更体现在空间布局和功能性设计中。例如，在商业空间中，设计师可能会将来自不同文化的元素巧妙地融入陈设和陈列方式中，为顾客创造出独特而愉悦的购物体验。在住宅设计中，家具的选择、布局的设置也可能受到多元文化的启发，呈现出既舒适又独特的居住空间。

多元文化融合的室内设计不仅是一种审美的追求，更是对文化尊重和包容的体现。设计师在吸纳外来文化的同时，注重保留和传承本土文化，通过融合而非同化，创造出融洽而丰富的设计作品。这种设计理念也促使人们更加开放地看待不同文化，促进了文化的交流与互鉴。

多元文化的融合为室内设计注入了新的生命力，使其成为文化交流和理解的平台。设计师们通过创新的手法和开放的心态，将各种文化融入设计之中，为人们提供了更加多样化、富有活力的空间体验。这种设计风格的崛起不仅反映了全球化时代的潮流，更彰显了设计的力量,可以超越国界和种族,连接世界各地的人们,共同分享和体验多元文化的魅力。

2. 数字化和科技创新

科技的迅猛发展为室内设计领域注入了前所未有的活力和创新。其中,数字化和科技创新成为引领潮流的关键因素。虚拟现实和增强现实等技术的广泛应用,使得室内设计的创意和实现过程更加直观、高效,并赋予设计师更大的创作空间。

虚拟现实技术为设计师提供了一种全新的设计体验。通过 VR 技术,设计师可以将客户带入虚拟空间,使其身临其境地感受设计效果。这种亲身体验不仅提高了设计方案的沟通效果,还加速了决策过程。设计师可以在虚拟环境中调整布局、颜色和材料,实时查看设计效果,为客户提供更直观的参与感。

增强现实技术的应用也为室内设计注入了新的可能性。通过 AR 技术,设计师可以在真实环境中叠加虚拟的设计元素,使客户能够在现实中看到设计效果。这种交互性强、贴近实际的设计展示方式,使设计师和客户之间的沟通更为直接而高效。

除了虚拟和增强现实技术的应用,智能家居系统的崛起也深刻改变了室内空间的设计理念。智能家居系统通过将各种设备和系统整合,使得室内环境更加智能化、便利化。从照明、温控到安保系统,设计师可以充分利用这些智能设备,为居住者创造出更为舒适、安全的居住体验。

数字化和科技创新的兴起,使室内设计更具前瞻性和创新性。设计师通过与科技的结合,不仅能够提升设计效率,还能够满足客户对于个性化、定制化的需求。数字化时代的室内设计不再局限于传统的平面图纸,而是通过数字化工具呈现出更为立体和生动的设计方案。这种数字化的设计语言正深刻地改变着人们对于空间的认知和期待,为未来的室内设计打开了更加广阔的可能性。

(二)当前的设计趋势和挑战

1. 设计趋势

(1)可持续性设计

随着环保意识的不断提高,可持续性设计在室内设计领域得到了广泛的关注和推动。设计师们在设计实践中纳入了一系列的环保理念,力求通过各种手段创造对环境友好的室内环境。

首先,可持续性设计注重选择环保材料。设计师在材料的选择上倾向于使用可再生材料、回收材料或者经过环保认证的材料。这不仅有助于减少对自然资源的消耗,还能够降低室内环境对环境的负面影响。例如,使用具有良好回收性的材料,可以在产品寿命周期结束后降低废弃物的排放,从而减轻对自然环境的压力。

其次,可持续性设计追求提高能源利用效率。设计师在室内布局和建筑结构上采用一系列措施,以降低能源的消耗和提高利用效率。这包括合理规划采光系统,引入自然光,减少对人工照明的依赖;通过合理的隔热设计和通风系统,减轻空调和暖气的使用,达到节能减排的效果。可持续性设计通过最大限度地优化建筑的能源利用，实现了环境和经济效益的双赢。

另外，可持续性设计强调整体的生态平衡。设计师在空间规划中注重绿化和景观设计，通过绿植的引入、绿墙的设置等方式，提高室内空间的生态性。这不仅有益于改善室内空气质量，还能够为居住者提供更加健康、舒适的居住环境。同时，可持续性设计也注重室内的水资源管理，采用节水设备和技术，降低用水量，实现水资源的可持续利用。

总体而言，可持续性设计是对设计实践的一种全新理念，它强调在满足人类需求的同时最大限度地减少对自然环境的负担。通过环保材料、提高能源利用效率和整体生态平衡的设计手段，设计师们致力于创造既具有美感和功能性，又能够与自然和谐共生的可持续室内环境。这种设计理念的推广将有助于建设更加可持续、健康、宜居的未来社会。

（2）个性化设计

随着社会的不断发展和个性化需求的逐渐凸显，定制化设计成为室内设计领域的一个显著趋势。设计师们越来越关注并重视满足用户独特的、个性化的需求，以创造更具个性和独特性的室内设计。

个性化设计的核心在于充分理解和体现用户的个人喜好、生活方式以及特殊需求。设计师在设计过程中通过深入的沟通与了解，积极获取关于用户审美取向、功能偏好、文化背景等方面的信息。这种深入的了解为设计师提供了基础，使其能够为每位客户打造出符合其个性特征的定制化设计。

一方面，个性化设计在空间布局上充分考虑了用户的生活习惯和功能需求。通过对家庭结构、工作习惯、娱乐方式等方面的详细了解，设计师可以合理规划空间功能，使其更符合用户的实际生活需求。例如，在家庭空间中可能体现为更加灵活的布局，考虑到家庭成员的个性和需求，以及在工作空间中充分考虑用户的工作习惯和需求。

另一方面，个性化设计在装饰风格和设计元素上追求独特性。设计师通过个性化的配色方案、特定材质的选择、独特的家具搭配等手法，为用户创造独具个性的室内环境。这不仅仅是在审美上的满足，更是在情感上对用户的共鸣。例如，融入用户独特的文化元素、兴趣爱好，使得设计既具有实用性，又能够反映出用户的独特品位和个性。

此外，随着科技的发展，个性化设计还体现在智能化定制方面。智能家居系统的应用可以根据用户的个性需求，实现智能照明、智能温控、智能安防等个性化定制，为用户提供更智能、更便捷的居住体验。

总体而言，个性化设计是一个适应当代社会需求的设计理念。通过深度的用户了解、个性化的设计元素融入以及科技手段的应用，设计师们可以为每一位用户创造出独特、满足其个性需求的室内设计，使空间更贴合用户的个人生活方式和品位，提升居住的舒适感和满足感。这种个性化设计的兴起，标志着室内设计不再是简单的装饰和布置，更是对个体需求的深刻理解和回应，为用户带来更加个性化和定制化的生活体验。

2. 设计挑战

（1）技术更新带来的学习压力

随着科技的不断创新，室内设计领域也在不断演进，新的设计工具和技术层出不穷，这为设计师带来了学习的巨大压力。设计师需要时刻保持对最新技术的敏感性，不断更新自己的知识体系，以保持在竞争激烈的设计行业中的竞争力。

设计工具的不断更新是设计师学习压力的一个重要来源。新的设计软件、虚拟现实、增强现实等先进技术的引入，要求设计师能够灵活应对，掌握这些新工具的使用方法。随着设计软件的更新换代，设计师需要花费大量时间来学习新软件的界面、功能和操作技巧，以确保能够高效地进行设计工作。这不仅是对技术的学习，更是对工作效率和创造力的挑战。

另一方面，科技的不断演进也要求设计师掌握更多的专业知识。例如，智能家居技术的兴起，要求设计师了解相关的智能化系统和设备，以便为客户提供更加智能、便捷、舒适的室内环境。这涉及对电子技术、网络通信等多个领域的跨学科学习，增加了设计师的知识广度。

学习新技术不仅仅是一次性的任务，更是一个持续的过程。在不断学习的同时，设计师还需要时刻关注行业的趋势和动态，了解市场需求的变化，以便及时调整自己的设计思路和方法。这对于设计师来说，既是一种挑战，也是一种机遇，因为只有不断学习和进步，才能在激烈的市场竞争中脱颖而出。

总体而言，技术更新带来的学习压力是设计师职业生涯中不可避免的一部分。设计师需要具备持续学习的心态，不断提升自己的综合素质，以适应行业的发展和变化。这也是一个不断挑战自我的过程，通过学习新技术，设计师能够不断提高自己的专业水平，更好地服务客户，创造出更具创新性和竞争力的设计作品。

（2）文化多元性的处理

在当今社会，文化多元性成为室内设计领域的重要考量，处理多元文化不仅需要设计师具备更高的文化敏感性，还需要具备跨文化交流的能力。融合不同文化元素，以创造出既富有个性又和谐统一的设计，是设计师面临的重要任务之一。

首先，设计师需要具备敏锐的文化观察力和理解力。不同地区、民族、宗教等因素都会影响到人们的审美观念、生活习惯和空间需求。设计师要通过深入了解各种文化的特点，洞察文化传统背后的价值观念，从而更好地把握设计的方向。这包括对于色彩、图案、形式等方面的文化符号的理解，以及对于文化空间使用的独特需求的把握。

其次，设计师需要具备跨文化交流的能力。在处理多元文化时，设计师可能需要与来自不同文化背景的客户、合作伙伴进行有效沟通。这不仅需要设计师具备流利的跨文化沟通技巧，更需要对不同文化之间的差异有足够的了解，以避免因文化差异而导致的误解和不便。在设计过程中，设计师与客户的密切沟通也是确保设计符合客户文化期望的重要途径。

在设计中平衡不同文化元素，确保整体和谐，是设计师面对的挑战之一。设计师需要巧妙地将多元文化融入空间中，不仅要考虑各种文化元素的协调，还要确保设计的整体风格和氛围不至于混乱。这要求设计师有较高的审美品位和整合能力，能够在多元文化的基础上形成独特而统一的设计语言。

总体而言，处理多元文化是室内设计中的一项重要任务，需要设计师具备广泛的文化知识、跨文化交流的技能以及对整体设计的把控能力。只有在这些方面都有所突破，设计师才能创造出更具包容性和创新性的设计作品，满足不同文化背景下用户的需求。

第二章 室内设计基本原则

第一节 空间规划原则

一、功能性和流畅性

功能性和流畅性在空间规划中扮演着至关重要的角色，这两个原则不仅是设计的基石，也直接影响着用户在室内环境中的感受和体验。

（一）突出功能性的重要性

1. 用户需求的综合考量

（1）家庭成员的特殊需求

在考虑功能性时，设计师应当全面了解家庭成员的特殊需求。例如，老人、儿童或有特殊疾病的成员可能对室内空间的设计有特殊的要求，需要考虑到他们的生活习惯和便利性。

（2）日常活动的种类和频率

功能性的实现需要综合考虑用户的日常活动种类和频率。不同的家庭功能有不同的生活方式，设计师需要了解家庭成员的工作、学习、娱乐等活动，以确保空间能够满足各种需求。

（3）空间用途的多样性

在不同的空间中，功能性的需求也是多样化的。例如，在起居室中，需要考虑家庭聚会、休息、观影等多种功能。通过深入了解用户的生活方式，可以更好地规划空间，使其符合实际使用需求。

2. 多功能性的空间设计

（1）巧妙的布局和家具选择

多功能性的实现需要设计师运用巧妙的布局和家具选择。通过合理放置家具、选择灵活可变的家具，可以使得同一空间在不同的时间或场合下能够服务于不同的功能，提高空间的灵活性和适用性。

（2）提高空间的利用率

功能性不仅仅是满足基本需求，还需要考虑到空间的充分利用。通过设计多功能性的空间，可以使得每一寸空间都发挥最大的作用，提高整体的利用率。

3.特殊需求的关注

（1）儿童游戏区的设计

针对家庭中有儿童的情况，需要特别关注儿童游戏区的设计。考虑到儿童的安全性和趣味性，通过色彩、家具和布局的设计，打造出适合儿童成长和游戏的空间。

（2）办公空间的规划

对于需要在家工作的成员，办公空间的规划至关重要。要考虑到工作时的安静和私密性，同时与整体空间形成协调一致的氛围，提高工作效率。

（二）强调流畅的空间布局对用户体验的影响

1.连贯性的追求

（1）定义流畅性

流畅性是指空间布局的连贯性和通畅性，是设计师在规划室内环境时追求的一种设计效果。通过让整个空间在视觉和功能上形成无缝连接，提升用户在空间中的感知和体验。

（2）巧妙的布局和过渡

设计师需要通过巧妙的布局和过渡，避免拥挤、混乱和中断。这包括合理设置家具的位置，确保通道的宽敞，以及通过设计元素的过渡，使空间的不同区域有机地连接在一起。

（3）舒适、自然流畅的环境

流畅性的追求旨在创造一个舒适、自然流畅的环境，使用户在空间中移动时感到轻松愉悦。通过精心设计的流畅空间，可以提升整体的室内体验，使人们更愿意长时间停留在这个空间中。

2.巧妙的家具布局

（1）家具对流畅性的影响

家具是影响空间流畅性的重要因素之一。设计师需要考虑家具的布局方式，使其既能满足功能需求，又不妨碍空间的整体流畅性。通过巧妙的摆放，可以确保家具与空间的互动更加和谐。

（2）家具尺寸、形状和样式的选择

正确选择家具的尺寸、形状和样式对于实现流畅空间至关重要。家具应当与空间的尺度相匹配，形状和样式应当与整体设计风格协调一致，以保持空间的整体流畅性。

3.设计语言和色彩搭配

（1）统一的设计语言

统一的设计语言是创造流畅空间的关键之一。通过保持一致的设计元素，如颜色、材质和风格，可以使整个空间呈现出一种和谐的流动感。设计师需要在整体设计中建立清晰的设计语言，使其贯穿于整个空间。

（2）色彩搭配的重要性

色彩是影响空间氛围和流畅性的重要因素。巧妙的色彩搭配可以在整个空间中形成统一的调性，使视线在空间中流畅移动。设计师需要考虑色彩的选择和搭配，以增强流畅性的感知。

二、空间分区与整合

（一）讨论如何合理分区

合理的空间分区是室内设计中至关重要的一环。在进行分区设计时，需要充分考虑到使用者的需求、生活习惯以及空间功能的特点。

1. 功能定位与需求分析

（1）深入了解使用者需求

在进行空间分区设计之前，设计师需要与业主进行充分的沟通，深入了解使用者的需求。这包括了解他们的生活方式、工作习惯以及对空间的期望。通过有效的需求分析，设计师能够更好地把握空间分区的方向。

（2）功能定位的明确性

对整个空间进行功能定位是分区设计的基础。设计师应确保每个区域都有明确的功能定位，避免功能的交叉和混淆。这可以通过理解使用者的日常活动和空间需求来实现。

2. 活动类型划分

（1）区域的明确功能

将整个空间划分为不同的活动区域是进行分区设计的第一步。设计师需要考虑到空间的不同活动类型，如起居室、餐厅、卧室和工作区等。每个区域应有明确的功能，以满足使用者的各种需求。

（2）避免功能冲突

避免在相邻区域设置相似或相冲突的功能。例如，工作区域和休息区域的划分应当清晰，以确保用户在空间中的活动不会相互干扰。

3. 空间形状和结构考虑

（1）利用墙体、家具进行分隔

空间的形状和结构是进行分区设计时需要综合考虑的因素。设计师可以巧妙地利用墙体、家具或屏风等方式进行分隔，使每个区域既能独立存在，又能与整体空间形成有机连接。

（2）有机连接的设计

确保分隔的方式既能够实现区域的独立存在，又能够与整体空间形成有机连接。这需要设计师在空间形状和结构上有深入的思考，创造出既美观又实用的空间。

4. 人流与动线规划

（1）保证人流畅通无阻

合理的分区设计需要考虑人在空间中的流动和活动路径。确保分区不会阻碍人的正常行走，使整个空间的流线畅通无阻。这可以通过合理设置通道宽度、避免过道过于狭窄和拐角过于烦琐来实现。

（2）创造顺畅的动线

通过规划人流的动线，使用户在空间中能够方便地到达各个区域。设计师需要考虑到日常活动的路径以及不同区域之间的流畅连接，提高整体的使用便捷性。

（二）强调空间分区对功能的支持和提升

1. 提高空间的利用率

（1）精心设计实现最充分利用

空间分区的核心在于精心的设计，旨在使得每一寸空间都能够得到最充分的利用。在面积有限的空间内，设计师可以通过巧妙的布局和嵌入式家具等手法，确保空间的每一个角落都充分发挥其潜在功能，提高整体空间的利用率。

（2）面积有限空间的挑战

尤其在面积有限的情况下，如城市公寓或小户型住宅，设计师需要克服空间受限的挑战，通过巧妙的分区设计，充分发掘出更多的储物空间和多功能区域，确保每一寸空间都发挥其最大潜力。

2. 提升功能区的独立性

（1）巧妙设计实现相对封闭

开放式空间中，通过巧妙设计，设计师可以实现相对封闭的功能区域。以开放式厨房和餐厅为例，通过合理设置隔断或利用家具进行区域划分，既保持了开放感，又有效防止了异味扩散，提升了功能区的独立性。

（2）灵活运用可变区域

利用隔断、屏风等灵活的设计元素，设计师可以使功能区域在需要时开放，不需要时封闭，创造出灵活多变的空间。这样的设计不仅提升了功能区的独立性，还使整体空间具有更大的变化性。

3. 创造空间的多样性

（1）特色功能角落的打造

通过在空间中设置特色功能角落，设计师可以为用户创造出更加多样化的空间体验。在起居室中设置阅读角落、休闲角等，使得用户可以在不同的功能区域中享受到独特的氛围和体验。

（2）层次感与趣味性的设计

通过巧妙运用家具、装饰和照明等元素，设计师可以使不同功能区域在视觉上形成层次感，增加空间的趣味性。这种多样性的设计不仅满足了用户的不同需求，还使整体空间更加生动有趣。

4. 促进空间功能的互补

（1）相邻功能区的合理布局

相邻功能区域的合理布局是促进功能互补的关键。通过将相互关联的功能区域设置在相邻的位置，如餐厅和起居室相连，既方便了用餐，又促使餐后休息更加便利，形成了功能上的互补。

（2）有机联系提升整体效能

空间中各功能区域之间的有机联系不仅仅是物理上的相邻，更是功能上的相互关联。设计师通过设计实现这种有机联系，可以促进各功能的互补，使得整体空间效能得以提升。

通过以上对提高空间的利用率、提升功能区的独立性、创造空间的多样性以及促进空间功能的互补的讨论，设计师可以更全面、深入地理解空间分区的设计原则，为用户创造出更具实用性和舒适感的室内环境。

第二节　空间比例原则

一、比例的审美影响

（一）比例与空间美感的关系

1. 审美原理的重要性

空间比例在审美体验中扮演着关键角色。深入探讨比例是如何在艺术和设计中成为审美原理的核心，从而引导设计师更好地运用比例来创造视觉上令人愉悦的室内环境。

2. 不同比例对美感的影响

分析不同的比例关系对空间美感的直接影响，可以通过具体案例，展示不同比例在室内设计中的应用，如黄金比例、平方根比例等，以启发设计师更具创意地运用比例原理。

（二）合适比例关系的重要性

1. 不同空间、不同功能的需求

我们强调在设计中要追求合适的比例关系，因为不同空间和功能有不同的比例需求。通过研究历史建筑和文化作品，展现在不同文化和时期中人们对合适比例的理解与运用，为现代设计提供丰富的参考。

2. 案例研究的价值

利用历史和当代的案例研究，分析合适比例的设计，为设计师提供具体而有深度的实践经验。通过对比例关系的强调，设计师能够更准确地把握设计中的比例问题，创造出更富有艺术感和美感的室内空间。

二、人体工程学与空间设计

（一）人体尺度在空间比例中的应用

1. 家具尺寸与人体尺度

家具作为室内空间的核心元素，其尺寸需要与人体的尺度相协调。通过详细研究不同家具在人体尺度上的应用，可以揭示设计中如何使家具的高度、深度和宽度更符合人体工程学的原则，以提升家居空间的舒适性和实用性。

2. 通道和过道的设计

人在空间中的行走和移动是设计师需要特别关注的问题。通过研究通道和过道的设计，探讨它们的宽度、高度和长度如何最好地适应不同人体尺度，创造出既美观又便利的室内流线布局。

（二）人体工程学原理对空间设计的指导

1. 生理特征的考量

深入分析人体的生理特征，包括身体比例、视觉高度等，为设计提供科学依据。通过了解人体的站立、坐着和行走等不同状态下的特点，设计师能够更好地调整空间元素的位置和尺寸。

2. 运动学原理的应用

运动学原理涉及人体在运动中的力学和生理学特征。分析这些原理如何指导家具、工作区域和通道的布局，以确保人在空间中的活动不受限制，提高工作和生活的效率。

第三节　色彩搭配原则

一、色彩心理学

（一）色彩对人们情感和心理状态的影响

1. 红色的情感效应

红色常与激情和兴奋相联系，因其在情感上的强烈表达，可用于活跃空间氛围，如餐厅或娱乐区域。然而，红色也可能导致紧张感，故在卧室等需要冷静的区域需谨慎使用。

2. 蓝色的心理状态

蓝色通常被认为具有冷静和安宁的效果，适用于卧室和休息区域。然而，过度使用可能导致冷漠感，因此在创造平衡的空间氛围时，需要考虑其他颜色的搭配。

3. 黄色的愉悦感

黄色被认为是一种愉悦和温暖的颜色，可用于增添阳光和活力感的区域，如厨房或办公室。然而，过于明亮的黄色可能引起不适，因此需要适度运用。

（二）在设计中运用色彩心理学的原则

1. 冷暖色调的选择

冷色调如蓝色和绿色通常用于创造宁静的氛围，而温暖色调如橙色和红色则用于增添活力。设计师需根据空间的功能和预期效果，灵活选择冷暖色调。

2. 颜色的明度和饱和度

明度和饱和度的不同组合可影响色彩的强度和效果。在设计中，适当的明度和饱和度的搭配可以创造出丰富而平衡的色彩层次，使空间更具深度。

3. 空间功能和用户需求

不同空间的功能和用户的需求决定了色彩的选择。例如，办公室可能需要以蓝色为主导，提高工作效率；而儿童房可能适合运用明亮的多彩色调，促进活力和创造力。

二、色彩的空间应用

（一）不同颜色在空间中的运用效果

1. 深色的温馨感

深色如深蓝或深棕可使空间显得更加温馨和紧凑。在较大空间中，运用深色可以有效缩小视觉感知，创造出亲密感的氛围。然而，过度使用深色可能导致空间显得拥挤，需谨慎搭配。

2. 浅色增强空间感

浅色调如米白、淡蓝可使空间显得更加明亮和宽敞，特别适用于小空间或缺乏自然光的区域，能够有效提升空间感，让人感到轻松和舒适。

3. 鲜艳色彩的活力注入

鲜艳的颜色如橙色、绿色可以为空间注入活力和生机。这些颜色适合用于儿童房或娱乐区域，能够创造欢快的氛围，激发积极情绪。

（二）色彩搭配的实用建议

1. 经典搭配的稳定感

经典的色彩搭配如黑白搭配、蓝白搭配等具有较强的稳定感，适用于不同风格的空间设计。黑色作为稳定的基调，与白色或其他明亮色彩搭配，既经典又不失时尚。

2. 单色调的和谐感

单色调的搭配，即运用相近色调的颜色，可以创造出和谐且统一的空间效果。例如，使用不同深浅的蓝色，形成层次感，使空间显得协调统一。

3. 对比色的视觉冲击

对比色的搭配如红绿、蓝橙等，能够产生强烈的视觉冲击，使空间更具活力。在重要区域使用对比色，能够吸引视线，起到突出重点的效果。

第四节　材料选择原则

一、室内装饰材料基础知识

装饰材料在室内环境艺术设计中的作用如同"米与巧妇"一般密不可分。深入了解各种装饰材料的性能和应用是从事室内环境艺术设计的重要学习内容，而且需要持续不断地学习和实践。正确认识各种装饰材料的性能，在室内环境艺术设计中合理地组合和应用这些材料是解决设计问题、实现设计目标的基础。装饰材料不仅为设计提供了物质基础，同时其个性与多样性为设计创意提供了广阔的可能性和创意空间。（图 2-1）

图 2-1　各种各样的装饰材料营造出多彩空间

在室内设计领域，设计师对装饰材料的充分运用体现了其对材料的熟悉程度和运用技能，同时也是设计能力的重要展现。合理把握各种装饰材料的性能，并在设计方案中选择合适的材料，是设计过程中的关键工序。材料选择和运用并非只是设计的一部分，而是设计的核心。设计师通过熟练地运用装饰材料来完成设计，实际上就是在不断进行设计的过程。

在室内设计中，设计师需要充分认识和理解各种装饰材料的性能和用途，以及它们在装饰功能中的表现。选择适当的装饰材料不仅关乎设计的美感，更直接影响到空间的实用性和舒适度。因此，熟悉装饰材料的特性，了解其在设计中的运用方式，是设计师在完成方案时不可或缺的工作。

材料选择和运用本质上是设计过程的一部分，是设计师通过实际行动将创意转化为现实的关键环节。对装饰材料的选择不仅仅是一种技术动作，更是设计理念的体现。设计师通过对各种装饰材料的深入了解和不断地实践学习，逐渐形成自己独特的审美观和设计风格。因此，设计师的设计水平的提高和优秀作品的创作离不开对装饰材料的不懈探索和运用。

持续学习和认识装饰材料的性能和用途，不断进行设计实践，是设计师提高设计水平、创作出优秀作品的重要途径之一。通过对装饰材料的实际应用，设计师能够积累丰富的经验，逐渐形成自己独特的设计语言，为每个项目注入更具个性化和创意性的元素。因此，图 2-2 所示的学习和实践的过程不仅是设计师的必由之路，也是其不断成长和进步的关键路径。

图 2-2 设计案例

随着科技的不断进步，新型装饰材料的涌现为室内环境艺术设计提供了更广阔的创作空间。同时，我们也认识到现代人类生存环境日益恶化，对环境保护的重要性有了更深刻的认识，所以对于室内装饰材料的选择和运用也提出了更高的要求。

传统上一些性能落后、不具备环保要求、安全要求低、易损害环境的装饰材料逐渐被淘汰，取而代之的是新材料和新技术的广泛应用，以解决环境问题。

我们应该关注装饰材料的变化与发展，特别是对新材料和新工艺要给予更多的关注，因为这些将有助于我们适应现代设计的发展需求。（图 2-3）

图2-3 现代风格设计案例

（一）装饰材料概述

室内环境艺术设计和工程施工过程中，我们会使用到多种装饰材料，在室内设计行业中通常会采用不同的方法进行材料的分类和识别。不同的分类方法是我们从多种角度认识并了解材料，更快捷地学习材料知识，理解材料性能，掌握使用方法的便捷途径。从多角度认识装饰材料对设计实践过程是非常重要的。以下几种常用的分类方法，可以帮助我们认识和区分装饰材料，对装饰材料建立起初步的认识。

我们可以将装饰材料划分为基材和面材（饰面材料），这是根据它们在装修工程中的功能和用途来进行分类的。基材主要用于完成装修工程的结构或作为饰面材料的基层，通常在工程完工后被饰面材料所覆盖，难以直接被视觉感知。而面材则通常可在工程完工后直接被看到，常用于室内环境的表面装饰，是可见的装饰层。

另外，按照装饰材料的物理形态进行划分也是一种实用的方法。这种分类方式基于装饰材料的自身形态，是在设计中非常实际和具有指导性的一种认知方法。举例而言，木方料和石方料、板材（图2-4）、管材（图2-5）、线材（图2-6）、卷材（图2-7）以及特殊型材等，都是基于装饰材料的形态特征进行的分类。这样的分类方式有助于设计师有目标地选择和应用不同形态的装饰材料，以达到理想的设计效果。

图 2-4 装饰板材

图 2-5 装饰管材

图 2-6 装饰线材

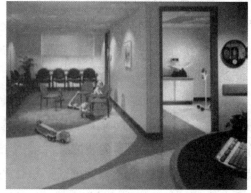

图 2-7 装饰卷材

在室内设计与装修工程中,常根据装修施工中装饰材料的使用部位对其进行分类。这包括了天花板吊顶材料、地面铺装材料、台面装饰材料、隔墙材料、室内墙面装饰材料、卫生间洁具、工艺装饰材料等。这种分类方法基于装饰材料在整个室内空间中的具体应用位置,有助于更有针对性地选择和搭配材料,以满足不同区域的设计需求。

根据材料的使用功能进行分类也是一种常见的方法。这种分类考虑到材料的特殊用途,包括保温隔热材料、防水材料、防火材料、吸音材料、密封材料、绝缘安全材料、黏结材料等。通过这种方式,可以更精准地选择具有特定功能的材料,以满足设计中的特殊需求。

此外,在装饰工程施工管理中,常根据材料的具体使用工种进行分类。这种分类涵盖了木工材料、电工材料、瓦工材料、油工材料、水暖材料等,有助于在施工阶段更有效地组织和管理不同工种所需的材料。

最后，按照材料的属性进行分类也是一种广泛采用的方法。这包括了木材类、石材类、陶瓷类、石膏类、矿棉类、水泥材质类、防火板类、玻璃类、马赛克类、金属类、墙纸类、皮革和织物类、油漆和涂料类、五金类等。这种分类方法涵盖了装饰材料的丰富种类，有助于全面了解和选用不同属性的材料。

（二）室内装饰材料特性

室内设计中，装饰材料的特性受其材质属性和加工工艺的影响，决定了其在设计中的不同用途。理解装饰材料的性能有助于在设计中进行正确合理的选择，以达到设计目的。装饰材料的性能首先取决于其材质属性，例如木质、石质、有机塑料等，这些不同的属性导致了材料在性能上的差异。其次，加工工艺的不同也会影响装饰材料的性能，例如石材的抛光和拉毛工艺会使表面效果大相径庭，同时影响材料的防滑性能。最后，使用方法的不同也可能导致装饰材料产生性能差异。

1. 物理性能

装饰材料的物理性能是选择和运用这些材料时首要考虑的因素。在设计中，对于超高层建筑的室内空间，选择地面装饰材料时需要考虑材料的耐磨性和建筑荷载对重量的要求。例如，石材具有良好的耐磨性，但有时不符合荷载要求，而塑胶地板则同时符合耐磨和轻质要求。此外，不同空间对防水性能、防火性能、吸音功能等的要求也不同，因此在实际设计中，经常需要选择具备多种性能的装饰材料。

2. 装饰性能

装饰材料的装饰性能直接关系到室内环境的最终装饰效果。不同的装饰材料之间存在着装饰效果的差异，例如墙面装饰材料的选择中，石材饰面和木饰面呈现出完全不同的装饰效果。即使是相同材质的装饰材料，不同的颜色和纹理也会呈现出明显的空间感知差异。装饰性能主要体现在材料表面的视觉和触觉感受上，包括质感、形状、色彩、光泽、肌理、纹理等方面。每种装饰材料都有其独特的装饰性能，细微的差异可能导致出人意料的装饰效果。

（三）室内装饰材料种类

1. 木材类

木材是室内装饰的传统材料之一，具有温和、轻质、优良的韧性以及丰富多变的纹理（图2-8）。树木广泛分布于不同地区，拥有丰富的树种资源，便于利用。木材具有悠久的历史，尤其在中国古代建筑中发挥了重要作用。木材来源于不同树种，由于生长环境和树种的差异，木材之间存在显著的性能差异，为室内装饰提供了多样选择。常用的木材包括松木、柏木、杉木、榆木、槐木、杨木、柳木、枫木、柚木、橡木、桃木、楠木、花梨木、榉木、樟木、桦木等。选择不同的树种材质可用于支撑结构或直接用于室内表面装饰。

图 2-8 木材具有丰富的纹理

（1）原木材料

原木材料包括木方、木龙骨、木装饰线、装饰木皮、实木地板等，能充分体现材料自身的性能特点。原木材料根据树种的不同在室内装饰工程中得到广泛应用。实木作为传统木工艺的主要原料，特别适用于高档装修工程，在体现档次上具有不可替代的作用。然而，由于对森林资源的保护和成本的考虑，原木材料的使用受到了一定的限制，推动了对新型替代材料的需求。

（2）合成木板材

合成木板材包括拼木板、木工板（大芯板）、刨花板、密度板，以及各种树种的木饰面板等，是对木材经过一定工艺方法再加工的产品。有些是对木材的深加工产品，有些是对木材碎料、废料的再加工利用产品，还有一些加入特殊材料以提供特殊功能。合成木板材在木质装饰材料中占据重要比例，可替代某些原木材料，同时具有更多的特殊性能和用途。这些板材规格统一，表面平整，制作方便，更适应现代施工的要求。木饰面板则通过加工展现出丰富的纹理，突出其装饰作用。然而，由于大多数合成木板材在生产中使用了化学原料，含有对人体有害的物质，比如苯、氨、氡等，在使用时应对其有科学的认识，使用时需要科学认知。（图 2-9）

图 2-9　合成板材在装修中的应用

2. 石材类

石材是最为常见的室内装饰材料之一，与木材一样，属于丰富的天然装饰材料。其坚固、持久、耐磨的特性以及可进行精细雕刻的优势，使其成为地面装饰、墙面装饰以及艺术雕刻的理想选择。

（1）花岗石

花岗石是石材中硬度较高的一类，具有单色和混色两种类型。典型的花岗石包括蒙古黑、芝麻黑、黑金星、印度红等，其纹理较朴素，色彩均匀，适用于大面积使用。花岗石经过斧剁、拉毛、火烧、机刨、洗槽等处理后，尤其适用于室外环境。抛光处理后的花岗石表面光洁耐磨，在室内墙面和地面装饰中得到广泛应用。（图 2-10）

图 2-10　花岗石板材

（2）大理石

大理石的硬度次于花岗石，很少经过斧剁、拉毛、火烧、机刨、洗槽等处理工艺。由于其耐腐蚀性差，室外使用较为有限。典型的大理石包括西班牙米黄、大花绿、橙皮红、啡网纹等，经过精抛光后表面纹理自然、色彩漂亮，是室内柱、墙、地面、楼梯等装饰的理想材料。（图2-11）

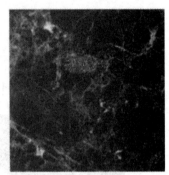

图 2-11　大理石板材

（3）页岩石

页岩石在质地和色彩方面逊色于花岗石和大理石，具有明显的沉积层，易于断裂，不适合复杂的工艺处理。然而，通过巧妙的利用，可以展现出石材原有的本质特点，达到出色的装饰效果。（图2-12、2-13）

图 2-12　页岩石板材　　　　图 2-13　页岩石板材装修效果

（4）鹅卵石

鹅卵石以形似鹅卵而得名，色彩随材质而不同，适用于镶嵌拼铺，可创造出丰富的图案。通过巧妙设计和拼贴，鹅卵石成为一种独特的装饰材料。（图2-14、2-15）

图2-14　鹅卵石板材　　　　　　　　　　图2-15　鹅卵石板材

（5）洞石

洞石类似于大理石，其形成过程中天然形成孔洞，具有大理石的纹理变化，但独特的孔洞纹理赋予其独特的装饰效果。常用于室内墙面装饰。（图2-16）

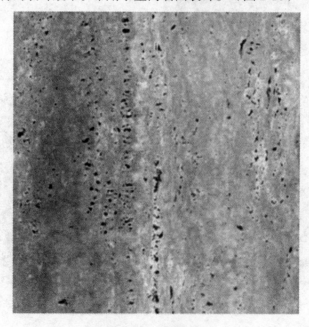

图2-16　洞石板材

3. 陶瓷类

陶瓷在室内装饰材料中占据着极为重要的地位，其使用广泛，品种丰富，众多品牌层出不穷。近年来，科技的发展推动了陶瓷行业的创新，现代陶瓷产品在性能和品种上远远超越了传统陶瓷，呈现出更为卓越的性能和更加丰富的品类。当代陶瓷产品借助先进的生产技术，烧造过程更易控制，从而保证了产品质量。一些现代陶瓷产品的装饰效果甚至超越了石材，成为高档装修的首选材料。陶瓷类装饰材料分为陶质和瓷质两大类，其中陶质材料密度、硬度较低，吸水性较大，而全瓷产品的吸水性非常小。陶瓷经过抛光、釉面、玻化、仿石材、仿古等处理，主要分为陶瓷类洁具和墙地面砖两大部分。其装饰效果可通过图2-17和图2-18来展示。

图2-17 陶瓷类材质装修效果　　　　　图2-18 陶瓷类材质装修效果

陶瓷类装饰材料的生产经过了研发设计，包括各种用途、性能、外形规格、纹理装饰效果等方面的设计。对具体产品的了解有助于我们迅速选择适合设计的材料，激发设计创意。

4. 金属类

金属类装饰材料在室内装饰中占有重要地位，其独特的装饰作用难以被其他材料替代。通过巧妙的设计运用，各类金属型材能够创造出引人注目的装饰效果。不同质感的金属能够赋予空间不同的感觉，例如金银质的材料能够展现出富丽的环境特质，而不锈钢则能够体现出现代气息等。金属类材料的表现力和装饰性在很大程度上取决于设计师的构思创意和灵活运用。常见的金属材质包括金、银、铜、铁、铝、不锈钢等。各类金属型材可通过巧妙的设计运用于装饰，例如各种铁艺加工。直接用于室内装饰的金属类材料主要包括各

种金属装饰板，如不锈钢镜面板、铜板、花纹板、压花板、铝塑板、镁铝曲板以及一系列装饰五金。（图2-19）

图2-19　金属类材质装饰效果

5. 石膏类

石膏类装饰材料是广泛应用的装饰材料之一，以其轻质、阻燃、防火等特性而备受青睐。主要的品种包括装饰用石膏板、石膏花饰以及石膏装饰构件等。这些材料在顶面和墙面的装饰中得到广泛运用，为室内空间增添了独特的艺术韵味。（图2-20）

图2-20　石膏类材料装饰效果

6. 玻璃类

玻璃类装饰材料在室内设计中扮演着重要的角色，其光滑独特的折光性能和透明特性为室内空间增色不少。玻璃材料的广泛用途包括营造独特氛围、打造特殊光环境等。通过多种工艺加工方法，如镀膜、热熔、钢化、夹丝、磨砂、彩绘、雕刻等，玻璃可以呈现出多种不同的效果。在室内装饰设计中，常见的玻璃类材料有平板玻璃、热熔工艺玻璃、玻璃装饰砖、有色透明玻璃、背漆玻璃、镜面玻璃、玻璃砖等多种品种。（图2-21、2-22）

图2-21 玻璃类材料装饰效果　　图2-22 玻璃类材料装饰效果

7. 马赛克类

马赛克是一种极具装饰性的材料，有玻璃材质马赛克、陶瓷材质马赛克、石材马赛克、金属马赛克等品种。马赛克可以组合拼出富有丰富变化的图案，是传统伊斯兰装饰风格的典型特征，是进行室内局部装饰的极佳材料选择。拼合与镶嵌是马赛克的主要装饰工艺。（图2-23）

图2-23 马赛克装饰效果

8. 墙纸类

墙纸是一种典型的表面装饰材料，其装饰效果主要受到制作材质的影响，侧重于表面肌理和图案的不同展现。墙纸在装饰中以其丰富的图案变化而独具特色。墙纸的图案选择直接影响室内装饰风格，因此图案的挑选对于凸显装饰风格至关重要。墙纸的品种繁多，按外观效果可分为印花壁纸、压花壁纸、浮雕壁纸等；按照所用材料可分为纸面纸基壁纸、纤维织物壁纸、天然材料面壁纸、塑料壁纸、金属箔壁纸等。

9. 皮革与织物类

皮革与织物类装饰材料运用是室内软环境装饰的重要手段，其不仅可以起到独特的装饰作用，还可以使室内环境更具亲和性和温暖舒适。在解决室内环境的防噪声方面，也有着独特的作用。用于室内装饰材料的皮革有真皮材质的，也有人造革材质的。柔软的质感和自然纹理体现了皮革独一无二的装饰效果。织物有丰富的种类与图案色彩变化以及强烈的装饰效果，是渲染室内气氛的重要材料。

10. 防火板类

防火板的名称直接地体现了材料的性能特点，是一种具备防火功能的免漆饰面装饰材料，避免了油饰的复杂过程和对施工环境造成的污染，可以直接用于附着物的表面装饰。防火板表面平整，可以加工成具有各种表面装饰色彩、纹理、图案的饰面效果，具有非常强的装饰性能。在办公环境、商业环境、展示环境中运用普遍。

二、可持续性材料的应用

（一）材料选择对环保和可持续发展的重要性

1. 资源消耗的影响

在材料选择直接关系到自然资源的消耗。设计师应当深入了解不同材料的生产过程，了解其对水、土壤、空气等资源的影响。强调通过选择资源消耗相对较低的材料，减缓对环境的压力。

2. 能源排放的考量

在材料生产和运输过程中产生的能源排放是环境负担的重要因素。设计师需关注材料的生命周期分析，选择那些生产和使用过程中能源排放较低的可持续性材料，以降低碳足迹。

3. 废弃物处理的重视

材料的选择也与废弃物的产生和处理有关。可持续性材料通常更易于回收和再利用，降低了废弃物对环境造成的负面影响。设计师应注重选择可回收的、可降解的材料，推动循环经济的实践。

（二）可持续性材料在设计中的应用

1. 再生材料的推广

再生材料是从已使用产品或废弃物中提取或制造的材料，其生产对环境影响较小。设计师应积极探索并应用再生材料，如再生木材、再生金属等，以降低对原生资源的依赖。

2. 低碳材料的选择

低碳材料指的是在生产和使用过程中产生较低碳排放的材料。在设计中，应优先选择具备低碳足迹的材料，例如使用生产过程中能源消耗较低的建筑材料，以减少对气候变化的负面影响。

3. 能源高效材料的应用

能源高效材料通常具备良好的保温、隔热性能，有助于降低建筑的能耗。设计师在选择墙体、屋顶、地板等建筑材料时，应注重其能源性能，提高建筑的整体能效水平。

三、材料的质感与品质

（一）材料的触感和视觉效果

1. 触感对室内设计的影响

触感是材料最直接传达给用户的感知之一。不同的材料质地，如木质、金属、石材等，都具有独特的触感特性。设计师应深入了解各种材料的触感属性，以确保在设计中创造出符合用户期望的触感体验。

2. 视觉效果的重要性

材料的视觉效果直接影响室内空间的整体感觉。颜色、纹理、光泽度等因素都会在用户的视觉感知中发挥关键作用。设计师需要综合考虑材料的外观特性，以达到设计的整体美感和协调性。

3. 独特质感的材料选择

设计师要注重独特质感的材料在设计中的价值。一些特殊的材料，如天然石材的冷滑、木材的温润，能够为空间赋予独特的感觉。设计师需要在选择材料时注重其独特性，以创造出令人难忘的室内环境。

（二）材料质感对设计品质的影响

1. 合理材料搭配的重要性

材料的搭配是决定设计品质的关键因素之一。设计中设计师需要在材料选择上追求协调性，避免材料之间的突兀感。通过合理搭配，设计师可以使空间呈现出更加统一和谐的整体感。

2. 深度和层次感的创造

材料的选择和处理直接影响设计作品的深度和层次感。设计师应当注重通过不同材料的运用，创造出空间的层次感。这可能涉及在墙面上运用不同质地的材料、地面的材料过渡等设计手法。

3. 品质感与设计语言的一致性

设计师需要追求品质感与整体设计语言的一致性。选择高品质的材料并将其巧妙运用，有助于提升设计作品的整体品质。强调品质感应与设计理念相契合，使得空间更具设计师独特的风格。

第五节　灯光设计原则

一、照明与氛围

（一）照明对空间氛围的创造

1.灯光类型的选择

首先，灯光在室内设计中是塑造空间氛围的重要元素之一。不同类型的灯光可以产生截然不同的效果，因此设计师需要深入了解各种主要的灯光类型，以便在设计中有针对性地选择并运用。

其次，环境光是一种均匀分布的、柔和的灯光，能够使整个空间充满温暖感，营造舒适的氛围。在选择环境光时，设计师需要考虑到空间的整体照明需求，以确保各个角落都得到足够的照明，避免产生阴影过重的感觉。

局部光则主要用于突出特定区域或物品，使其成为空间中的焦点。这种灯光类型可以用来强调艺术品、装饰物或特定功能区域，增强空间的层次感。在选择局部光时，设计师需要根据空间中不同区域的功能和设计重点，有针对性地设置灯具，使其能够凸显出设计中的重要元素。

强调光常用于突出空间中的特定细节或区域，通过对比产生强烈的视觉效果。这种类型的灯光通常用于创造独特的氛围或强调空间中的特殊设计元素。在运用强调光时，设计师需要准确把握光线的方向和强度，以达到设计预期的效果。

最后，在实际设计中，设计师需要综合考虑不同灯光类型的运用，以实现空间中的多层次照明。合理的灯光布局可以在不同场景下创造出不同的氛围，从而提升用户体验。通过运用不同类型的灯光，设计师能够精心打造出符合设计目标的室内环境。

总的来说，深入了解环境光、局部光和强调光等主要灯光类型，并灵活运用于实际设计中，是设计师在创造丰富、独特空间氛围时不可或缺的技能之一。这种专业性的灯光选择和搭配将为室内设计注入更多创意和个性，提升设计作品的艺术性和实用性。

2.灯光布局与亮度控制

首先，灯光布局在室内设计中扮演着至关重要的角色，直接影响着空间的氛围和功能性。设计师需要考虑灯具的位置、数量以及灯光的类型，以达到整体照明的均匀分布和局部照明的强调效果。

其次，合理的灯光布局需要根据空间的功能和设计目标来进行精心设计。在客厅等休闲区域，可以采用环境光为主的布局，通过均匀分布的灯光照亮整个空间，营造出舒适宜人的氛围。而在书房或办公室等需要集中注意力的区域，局部光的运用可以突出重要的工作区域，提高工作效率。

再次，设计师还需考虑亮度的控制，以适应不同时间和使用场景的需求。通过智能照明系统或调光设备，可以实现灯光亮度的灵活调整，使用户能够根据自身需求调整空间亮度，创造出符合不同活动的环境。

最后，通过巧妙的灯光布局，设计师可以创造出多种不同的空间氛围。在休息时，柔和的环境光可以营造出温馨、放松的氛围；而在需要集中注意力的工作时，局部光的聚焦效果则有助于提高工作效率。在娱乐和社交场合，通过变化的灯光色温和亮度，设计师可以打造出更加活泼和有趣的空间氛围。

3. 灯光与色彩搭配

首先，灯光与色彩搭配在室内设计中扮演着至关重要的角色，对空间氛围和用户体验产生深远影响。色彩和灯光的结合可以创造出独特的空间效果，从而更好地满足用户的需求和设计理念。

其次，灯光的色温选择是影响色彩搭配的关键因素之一。冷色调灯光，如蓝色或白色，通常使空间显得清新、凉爽，适用于办公空间或需要提神的环境。而温暖色调灯光，如黄色或橙色，可以营造温馨、舒适的氛围，常见于卧室、客厅等休闲区域。设计师应根据空间的用途和用户需求，选择合适的灯光色温，以达到预期的空间感受。

再次，通过冷暖色调的变化，设计师可以在空间中营造出丰富的层次感。例如，在餐厅中，使用温暖色调的灯光可以营造出宜人的就餐氛围；而在书房或办公室中，冷色调的灯光则有助于提高警觉性和注意力。通过巧妙的色彩搭配，设计师可以引导用户的情绪和注意力，使空间更富有表现力和个性化。

最后，灯光与色彩搭配的专业性体现在对色彩心理学和光学原理的深入理解上。设计师需要考虑不同光源对颜色的还原度，以及在特定色彩下物体的真实感受。通过调整灯光的亮度和色彩，设计师可以在空间中打造出独特的光影效果，使整体设计更加丰富多彩。

（二）灯光设计在提升空间体验中的关键作用

1. 重点区域的照明设计

首先，设计师在进行室内照明设计时应特别关注重点区域，因为这些区域往往承载着空间的核心功能或特定设计目标。通过巧妙的照明设计，可以有效突出这些区域，提升它们在整个空间中的重要性。

其次，艺术品、展示柜等区域常常是空间中的焦点，因此需要特别精心的照明设计。设计师可以选择定向灯具或聚光灯，通过有针对性地照亮这些区域，使其成为视觉上的亮点。在展示柜中，使用内置灯光或射灯，能够有效凸显展示品的细节和质感，引导观者关注。

再次，工作区域是空间中用户活动频繁、需要高亮度照明的地方。设计师可以采用可调光的台灯或吊灯，以满足用户在工作时对亮度的不同需求。充足且适宜的照明不仅提高了工作效率，还有助于创造一个舒适宜人的工作环境。

最后，为了实现灯光设计的专业性和学术价值，设计师需深入了解光学原理和照明工程学。对于不同类型的重点区域，设计师应选择合适的光源、灯具和照明方案。在灯光设计中，考虑到光的颜色温度、光束角度以及光的均匀度等因素，能够更精准地满足空间中不同区域的照明需求。

2.情感表达与照明

首先，照明设计在室内空间中不仅仅是为了提供光亮，更是一种情感表达的有力工具。通过灵活运用灯光的变化和渐变，设计师能够创造出丰富多彩的空间氛围，从而引导用户在特定情境和活动中产生不同的情感体验。

其次，灯光的色温和颜色选择是情感表达中至关重要的因素。例如，温暖的色调如暖白光可以营造出温馨、舒适的氛围，适用于家庭休息空间；而冷色调如冷白光则能创造清新、活跃的氛围，适用于办公或学习区域。通过合理搭配不同色调的灯光，设计师能够调整空间的情感氛围，满足用户在不同场景下的情感需求。

再次，照明的亮度调控也是情感表达的重要手段。亮度的高低直接影响用户的视觉感受和情感体验。在创建轻松宁静的氛围时，适当降低亮度，营造柔和的光影效果；而在需要活力和专注的场合，增加亮度可以创造出明亮而充满活力的空间感。通过在不同区域和场合中巧妙地调整灯光亮度，设计师能够引导用户产生愉悦、宁静或活跃的情感体验。

最后，情感表达与照明的结合需要设计师深入理解心理学和人类行为学。通过对用户行为和情感反应的研究，设计师能够更准确地选择合适的灯光方案，使空间的情感表达更为精准和有针对性。情感驱动的照明设计不仅满足了人们对舒适和美感的需求，同时为空间注入了更深层次的人文关怀，使设计更具有情感共鸣。

3.心理学原理的运用

首先，照明设计的基础之一是心理学原理的深入运用。在考虑照明方案时，设计师必须理解不同光线和色温对用户感知和情感的影响。温暖的灯光色温通常与亲切感、舒适感相关联，因此在家庭休息区域的选择中可能更为合适。相反，冷色调的光线可能会营造出清新、活泼的氛围，适用于办公或学习空间。通过深入了解这些心理学原理，设计师可以更准确地根据设计目标和用户需求选择合适的灯光方案。

其次，柔和的光线是照明设计中一个关键的心理学元素。柔和的光线可以减缓眼球疲劳，营造出轻松、宁静的氛围，适用于休息和娱乐的场所。这种光线的运用有助于创造出温馨、宜人的室内环境。通过合理调控灯具的光强和光源的分布，设计师可以实现柔和光线的良好效果，提升用户的舒适感。

再次，照明设计需要根据不同空间和活动的需求考虑心理学原理。例如，在办公空间中，适度的光照能够提高工作效率和注意力集中度。在家庭休息区域，柔和而温馨的光线则更能创造出放松的氛围。通过了解用户在不同场景下的心理需求，设计师可以更有针对性地制定照明计划，使之更符合用户的期望和体验。

最后，心理学原理的运用需要结合实际案例和实验数据。通过收集和分析用户对不同照明方案的反馈，设计师能够更深入地理解心理学原理在实际设计中的应用效果。这不仅包括定量数据的收集，还包括用户的主观感受和体验。通过这种综合性的研究方法，设计师可以更好地理解用户的需求和期望，使照明设计更为精准和贴近人性。

二、功能性照明与装饰性照明

（一）不同类型照明的作用和选择原则

1. 主照明

主照明是整个空间的基础照明，通常由吊灯、吸顶灯等提供。强调主照明的作用是为整个空间提供基本光亮，使人们能够正常活动。设计师需要根据空间的大小和用途选择适当亮度和灯具类型，确保主照明能够满足基本照明需求。

2. 任务照明

任务照明侧重于满足特定活动或任务的光照需求，如阅读、烹饪、办公等。要讨论不同任务照明的应用场景，如台灯、壁灯等。设计师应考虑任务照明的定向性和亮度，以确保在特定活动区域有足够的光线支持。

3. 弱化照明

弱化照明旨在营造柔和、舒适的氛围，通常通过灯带、地灯等实现。要探讨弱化照明在空间设计中的运用原则，如在休息区域或夜间使用。设计师需要关注色温和亮度的调节，以创造出放松和温馨的氛围。

（二）功能性照明与装饰性照明的平衡

1. 功能性照明的优先考虑

在室内设计中，功能性照明应当优先考虑，以满足用户的日常需求。功能性照明的选择需要根据不同区域的功能，确保提供足够的亮度和照明质量，以支持用户的各种活动。

2. 装饰性照明的点缀作用

装饰性照明则起到点缀和提升空间审美的作用。需要讨论吊灯、吸顶灯等的装饰性设计，以及如何通过照明装饰元素丰富空间层次感。设计师需要在装饰性照明的选择上注重设计风格和整体空间氛围的协调。

3. 整体平衡的实现

设计师需要根据用户的需求和设计目标，合理搭配不同类型的照明，使其相互补充，既满足功能需求，又提升空间的艺术性和品质感。

三、不同空间的灯光需求

曾有人做过一个实验，在一个模拟的起居室里，用光影明暗做成空间的隔断，有光的地方作为使用空间，阴暗的地方作为隔断墙。由于光影并非实体，墙是可以移动的，因此重置家具后，用光重新使场景发生变化后，可以在相同的空间里改变空间格局。这个实验是从另一个角度阐明了居住空间对光的需求或光影对空间的影响。在很早以前，人们对于居住环境的照明设计仅仅是为了空间内的亮度，如在房间的中央位置放一盏白炽灯，为整个空间提供基本的照明。但随着经济的发展，人们对不同空间的照明设计就有了不一样的需求，如办公的照明、就餐的照明、娱乐的照明、休息的照明等。

（一）客厅

客厅是室内空间的重要组成部分，承担着多种功能，包括娱乐会客、休闲和聚会等活动。在客厅的照明设计中，需求多样化，既要营造愉悦的氛围，使用明亮舒适的光线，又要在休息时避免刺眼的光线，减轻对眼睛的负担，以保证人们在不同活动中都能感到舒适。

为满足多样化的需求，客厅通常采用主要照明和辅助照明相结合的设计。客厅通常选择南向的方位，以获取最佳的自然光线。现代客厅照明设计追求照明的装饰性和实用性的完美结合。装饰性照明通过营造氛围感，为整体空间提供美观和时尚感。实用性照明则满足基本照明需求，使人们可以进行阅读、聚会等活动。

在现代家居客厅设计中，主要照明常采用吊灯和吸顶灯，提供基本照明需求。这些灯具颇具现代化，可根据居住者对环境的需求进行亮度调节，体现了人性化的技术进步。随着经济的发展，家居空间呈现多样化的装修风格，照明灯具也相应多样，如雪花吊灯、水晶灯以及符合北欧风格的简约吸顶灯。

主照明满足基本需求后，辅助照明用于烘托空间氛围。筒灯、射灯、灯带、壁灯、台灯等属于辅助照明。它们投射出的光线用于烘托书画、花草物件等，提升空间的艺术装饰性。落地灯作为阅读时的照明灯具，因其可移动性和时尚造型而备受推崇。

在观看电视时，电视发出的光线可能降低视力，此时需要适量柔和的照明。筒灯、射灯等辅助照明灯具可防止眩光产生。灯带等照明形式可以创造出朦胧感觉，营造出迷人的氛围。

客厅照明设计的发展不仅注重实用性，更关注装饰性，以提升整体空间的美感和舒适度。这种多元化的照明设计为人们在家居环境中创造出更为宜居的体验。

案例（图 2-24）：

图 2-24　售楼处样板间例图

这是某售楼处样板间的客厅空间设计，充分采用了主要照明与辅助照明相结合的策略。在客厅的中心位置，设计师巧妙地安置了一盏主要照明灯具，选择了水晶吊灯，不仅提供了大面积均匀的照明光线，同时也起到了装饰的作用。这样的设计不仅满足了照明需求，还为客厅营造出优雅的氛围。

在主要照明的设置上，特别注重了光线照度的均匀性。白天色温被保持在 5400—6500K 范围内，而夜间则控制在 2800—3200K 的范围内，以确保在不同时间段内光线的舒适度。夜间的主要照明采用了标准暖白色的光源，为居住者提供宜人的环境。

辅助照明方面，筒灯和灯带被巧妙地运用。筒灯作为常用灯具，通过局部照明的方式，解决了空间内光线不均匀的问题。灯带的运用不仅仅是为了提供额外的局部照明，更起到了装饰效果，丰富了光影的明暗变化。

在筒灯的设计中，亮度可根据不同的行为在 50—200lx 范围内进行调光，以满足居住者在空间中不同活动时的照明需求。这种主次分明的照明设计为售楼处样板间的客厅创造了舒适、时尚且多功能的光环境。

（二）卧室

卧室，作为家居空间中至关重要的场所，早在古代就有"明厅暗室"的说法。人们对卧室的设计需求不仅仅关乎光线的柔和和明暗度的适中，更重要的是为了营造私密、舒适的氛围。卧室不仅是休息的空间，还可能兼顾衣帽间、书房等多种功能。随着功能性需求的提升，卧室的照明设计变得越发重要，以满足居住者的多元化需求。

在卧室的照明设计中，色彩的选择和灯具的挑选成为关键，以创造轻松、宁静的氛围为基本目标。采用柔和的光线通过漫反射或者间接照明的方式，调节空间氛围成为主要手段。标准规定，卧室一般活动的照度约为 75lx，而阅读时则需要提高到 150lx 左右。独立的主要照明灯具通常选择安装在天花板上，采用朝下照明的方式，确保光线不会过强。同时，根据居住者的需求，床头处可以设置单独可控的阅读灯，以提供适量的光线。

现代卧室照明设计通常分为普通照明、局部照明和装饰照明三类。普通照明满足基本照明需求，局部照明强调对特定区域的修饰，而装饰照明则旨在营造整体空间的氛围，如筒灯在天花板上的散射照明效果。在现代设计中，考虑到日常使用的方便性，卧室通常设置两个开关，一个靠近卧室门，另一个则放置在床头的一侧。夜灯常常被设置在床下或者边墙上，具备感应功能，方便夜间活动。

卧室的适用人群多种多样，根据年龄的不同进行差异化设计。老年人的卧室需要充足的照明亮度；儿童房要满足学习需求；而婴儿房则追求柔和的光线，以为婴儿提供安全温馨的环境。

案例（图 2-25、2-26）：

图 2-25　效果图（一）　　　　　图 2-26　效果图（二）

这一项目位于某小区，是一位 30 岁左右客户的家庭设计图纸。客户倾向于简约、大方的设计风格，在卧室的照明设计上选择了无主灯的方案。通过大量的筒灯进行照明，确保整个空间获得基本的照明效果。与此同时，在背景墙上方布置了灯带，为背景墙带来艺术的欣赏价值。在需要强调照明的区域，客户采用了射灯，以突出所展示物体的艺术性。在卧室空间的照明设计中，合理选择光源是至关重要的，以避免使用者受到眩光的影响并减少不可避免的光污染。

（三）餐厅

餐厅作为社交聚会的主要场所之一，其照明设计在调节人际交往方面发挥着重要作用。在餐厅中，照明光线的选择至关重要，它应该采用可调节的光源，避免过于刺眼和亮度过高的情况。通常，灯具应该安装在餐桌的上方，以确保清晰看见桌上的菜品，并使交谈中的人能够看清对方的表情。为了创造柔和、宁静的氛围，光线的选择至关重要。餐厅中常常使用吊灯作为主要光源，同时利用嵌入式灯具点缀重点区域。在吊灯的安装中，确保吊灯距离餐桌桌面的距离在 60 厘米至 90 厘米之间是合适的，这样的设计不仅可以使食物呈现出美味的色彩，还能营造温馨舒适的用餐环境。良好的照明可以让人感到轻松愉悦。在餐厅的照明设计中，应该避免选择容易造成眩晕感的光线，可以通过调节主灯的亮度、打开装饰灯或壁灯，或者选择使用烛台等辅助照明手段来达到更温暖柔和的效果。

案例（图 2-27）：

图 2-27　别墅设计方案图

此案例为某别墅的设计方案，餐厅选择吊灯为主要的照明灯具，灯带与筒灯作为调节氛围的间接照明，两者结合使用，从而突出餐桌的位置。选择主要照明的灯具时，要以餐桌的大小为考虑依据，应将大小控制在桌子的二分之一。间接照明照度要控制在 50lx 范围之内，照射的范围应以餐桌为中心。并且，选择荧光灯或 LED 灯都可以让食物看上去更加美味。

（四）厨房

厨房在当代生活中不再仅仅是烹饪食物的功能性空间，也被纳入社交和友人参观的范畴，因此厨房的照明设计需要兼顾功能性和氛围的考量。首先，针对厨房烹饪过程中对光线亮度的需求，特别是由于上柜的存在可能造成局部阴影的情况，照明设计需要解决如何提升阴影区域的亮度，以满足使用者的需求。通常，厨房照明设计采用吸顶灯进行照明，考虑到日常烹饪方式多采用爆炒，而吊灯容易受到油烟影响，因此吸顶灯成为常见选择。

近年来，一些厨柜厂家开始在上柜底部设置感应灯带，能够在人们进行切菜等活动时自动亮起，解决了厨房光线不均匀的问题。随着人们对生活品质的要求提升，越来越多的家庭考虑在厨房设置西式厨房，以满足对烹饪空间的审美需求。在岛台上设置轨道灯不仅可以保证亮度，还提升了整体美观度。这种设计不仅让厨房空间更加实用，同时也为烹饪创造了更具吸引力的氛围，促使使用者更加热爱厨房这个空间。

第六节 家具布置原则

一、家具布置与空间流通

（一）家具布置对空间流通和功能性的影响

首先，家具布置对空间流通的影响至关重要。流通性是室内设计中的基本原则之一，直接关系到居住者在空间中的舒适度和便捷性。考虑流通路径的设定是确保空间畅通有序的关键。在这方面，设计师需要注意避免狭窄和拥挤的布局，确保人们在空间中的移动更加自如。通过巧妙的家具布局，可以创造出自然而流畅的行走路径，使整个空间更加宜人。

其次，开放式布局和封闭式布局是两种常见的家具布置形式，对空间流通和功能性产生不同凡响。开放式布局强调空间的通透感和开敞感，适用于客厅、餐厅等区域。这种布局形式通常通过减少隔断和采用轻巧简约的家具来达到开放感，使整个空间呈现出一种流畅的连贯性。封闭式布局则通过巧妙设置隔断和合理安排家具，创造出私密的功能区域，适用于卧室和办公室等需要独立空间的区域。这种布局形式通过家具的布置，将空间划分为清晰的功能区，提高了私密性和专注度。

再次，开放式和封闭式布局的设计原则需根据用户的具体需求来选择。在设计开放式布局时，要考虑家庭成员的互动和活动频率以及空间的整体协调性。在封闭式布局的设计中，则需关注功能分区的合理性，确保每个区域的私密性和独立性。设计师应根据居住者的生活方式、习惯以及对空间的需求，巧妙选择开放式或封闭式布局，以实现最佳的空间流通和功能性。

最后，家具布置在空间设计中既是实现流通性的手段，也是创造出独特氛围和功能性的重要工具。通过深入理解开放式和封闭式布局的设计原则，以及对流通性的重视，设计师能够更好地满足用户的需求，创造出既实用又舒适的室内空间。在家具布置的过程中，灵活运用这些原则，将空间流通和功能性有机融合，打造出具有独特魅力的居住环境。

（二）在设计中合理安排家具

1.客厅布置原则

客厅的家具布置需要遵循一些基本原则，以打造一个舒适、宜人的空间。首先，考虑沙发的摆放位置，通常选择靠近墙壁但不贴墙，以便形成开放的布局。此外，茶几的选择和位置也是关键，应确保足够的空间方便家人和客人之间的交流。电视柜的摆放需要考虑观看角度和光线照射，避免反光和阴影影响观感。通过巧妙的家具布局，可以使客厅空间更加通透自然，促进家庭成员及来访客人的自由交流和休憩。

2. 卧室布局策略

卧室是人们休息的私密空间，因此家具的布置需要更加注重舒适度和睡眠质量。首先，床的选择和摆放是关键，要确保足够的活动空间，并避免床头与窗户之间的直接对冲。衣柜和床的摆放要考虑通道的畅通，以确保便捷的日常使用。同时，考虑家具的整体美感和与空间风格的协调，通过巧妙的布局创造一个既舒适又具有个性的卧室环境。

3. 办公室家具布局

办公室的家具布局直接关系到工作效率和创造力的发挥。首先，办公桌的选择和摆放需要考虑到工作习惯和空间大小，确保足够的操作空间和储物空间。书柜的设置要兼顾存储和展示的功能，使办公室更具个性和温馨感。椅子的选择和摆放要符合人体工程学，以提供舒适的工作体验。通过科学合理的家具布局，办公室可以成为一个有利于思考和创造的工作环境，提高工作效率和职业满足度。

这些家具布置原则不仅仅是为了实现基本的功能需求，更是为了在设计中注入舒适性、美感和个性化。通过深入理解不同空间的特点和用户需求，设计师可以巧妙运用这些原则，创造出既实用又富有艺术感的室内环境。在家具的选择和摆放过程中，灵活应用这些家具布置原则，能够更好地满足用户的期望，打造出独特而令人满意的居住和工作空间。

二、家具样式与整体风格

（一）家具样式对整体设计风格的塑造

1. 不同家具风格的影响

首先，不同的家具风格对室内空间的影响是深远而独特的。现代风格的家具通常以简约、线条流畅、功能性强为特点，注重空间的开阔感和科技感。选择现代风格的家具可以使整体空间显得清新、简洁，适用于追求时尚和简约生活方式的人群。其次，古典风格的家具强调对传统文化和历史的尊重，常常采用雕刻精美的木制家具，通过复古的设计元素打造出宏伟、典雅的氛围。选择古典风格的家具可以为空间赋予一种沉稳、庄重的气息，适用于注重传统文化底蕴的人们。

其次，现代风格的家具通常以简约、线条流畅、功能性强为特点，注重空间的开阔感和科技感。选择现代风格的家具可以使整体空间显得清新、简洁，适用于追求时尚和简约生活方式的人群。

再次，复古风格的家具追求回归过去的怀旧感，常常采用具有历史感的设计元素和复古色彩。选择复古风格的家具可以为室内空间注入一份温馨和怀旧的情感，适用于喜欢复古风情的人们。

最后，每种家具风格的选择都应当与整体设计理念相一致，形成统一而和谐的室内环境。设计师在进行家具选择时需要深入了解不同风格的特点，同时考虑空间的功能需求和居住者的审美偏好。通过巧妙的家具搭配，可以在空间中营造出独特的氛围，使整体设计更具深度和个性。

在整个家具选择和搭配的过程中，设计师应当注重细节，如颜色、材质、形状等元素的搭配，使家具之间形成和谐统一的整体。同时，要考虑家具与空间的比例关系，确保每一件家具既能满足功能需求，又能与整体设计风格相得益彰。通过对不同家具风格的深入理解和巧妙运用，设计师可以为居住者打造出一个既舒适又充满个性的室内空间。

2. 家具样式与空间氛围

首先，家具样式对空间氛围的营造具有至关重要的作用。选择不同风格的家具可以直接影响整体空间的氛围和情感表达。现代简约风格的家具通常以清新、简洁、功能性强为特点，为空间带来轻松、开放的氛围。这种风格的家具适合追求简约生活方式、注重实用性的居住者，能够使空间呈现出轻盈宜人的感觉。

其次，古典风格的家具强调传统文化和历史的沉淀，常采用雕刻精美、线条繁复的设计元素，为空间注入一份沉稳、典雅的氛围。这种风格的家具适合那些热爱传统文化、注重品位和质感的居住者，能够使整体空间呈现出一种经典而尊贵的氛围。

再次，现代艺术风格的家具注重创新和个性，常常采用抽象、前卫的设计语言，为空间带来时尚、前卫的氛围。这种风格的家具适合那些追求独特品位、喜欢艺术创新的居住者，能够使空间呈现出一种充满艺术氛围的感觉。

最后，家具样式的选择需要根据空间的功能、用户的审美偏好以及整体设计理念来进行。设计师应深入了解不同家具样式的特点，在空间中灵活运用，以实现设计的预期效果。在选择家具样式时，要考虑其与整体设计风格的协调性，使之成为整个空间设计的有机组成部分。

通过深入理解和精准选择家具样式，设计师可以为室内空间赋予特定的情感、氛围和个性，使居住者在空间中能够获得愉悦、舒适的体验。因此，在设计过程中，设计师应当注重家具样式的选择，将其巧妙融入整体设计中，创造出独具魅力的室内环境。

（二）家具布置中的样式搭配原则

1. 颜色的协调搭配

首先，在家具布置中，颜色的协调搭配是影响整体设计效果的关键因素之一。通过巧妙的颜色搭配，可以创造出丰富多彩、统一和谐的室内环境。颜色的选择不仅关系到家具单品的表现，更涉及整体空间的情感表达和氛围营造。

其次，颜色搭配的原则之一是考虑色彩的统一性。在选择家具时，可以通过选取相近或相同色调的家具，使整个空间呈现出协调一致的感觉。例如，采用相似的中性色调，如灰色、米白色，可以打造出简约清新的现代风格。这种统一性的颜色搭配有助于空间的整体协调，给人一种和谐的视觉感受。

其次，颜色搭配中的对比原则也是设计中常用的手法。通过在相对中性的背景上引入亮眼的对比色，可以使家具在空间中更为突出，吸引视线。例如，在整体家具色调较为淡雅的环境中，引入一两件颜色鲜艳的家具，如红色沙发或蓝色茶几，可以起到点睛之笔的作用，使空间更富有层次感。

再次，颜色搭配需要考虑家具的形状、材质和整体设计风格。不同风格的家具对颜色的适应性各异，因此在进行搭配时需要注意保持家具之间的整体协调性。在现代简约风格中，可以选择单色调或冷暖色搭配，以突出简洁感。而在古典风格中，可以采用深色调和金属元素，以展现庄重和典雅。

最后，颜色搭配需要综合考虑家具的用途、所处空间的光线状况以及用户的审美偏好。在明亮充足的空间中，可以选择明快的颜色，增添活力；而在光线相对较暗的空间中，适宜选择明亮清新的色彩，以提亮整体氛围。

2.形状和材质的统一性

首先，形状和材质的统一性在家具布置中起着至关重要的作用。通过巧妙的形状和材质搭配，可以使整个空间呈现出一致的设计语言，增强家具之间的协调性，创造出更加和谐的室内环境。

其次，形状的统一性是通过选择具有相似几何形状的家具，使它们在空间中呈现出协调一致的外观。例如，如果选择了一组圆形的咖啡桌和圆形的吊灯，可以形成一种视觉上的统一感，使整个空间更加流畅和宜人。这种形状的统一性有助于创造出简约、现代或者古典风格等特定设计效果。

其次，材质的统一性体现在家具所采用的材质上，通过选择相似或相同的家具材质，使它们在触感和外观上呈现出一致性。例如，选择木质家具，可以通过保持相同的木质纹理和颜色，达到家具材质的统一感。这种统一性使空间更显高级和整洁，为居住者提供更为愉悦的视觉和触感体验。

再次，通过形状和材质的搭配，设计师可以使家具成为整个设计中的亮点。通过在整体布置中加入形状和材质上的亮点，可以吸引视线，使家具成为空间中的焦点。例如，在一个以木质家具为主的空间中，加入一两件金属质感的家具，可以形成鲜明的对比，吸引注意力，为空间增添层次感和趣味性。

最后，案例研究是理解形状和材质统一性概念的有效手段。通过分析成功的设计案例，可以更好地理解如何在实际项目中运用形状和材质的统一性原则。案例研究可以涵盖不同风格、空间大小和功能需求，为设计师提供丰富的经验和灵感，帮助他们更好地应用这一原则。

形状和材质的统一性是家具布置中的重要设计原则，通过巧妙的搭配，可以使整个空间达到更高的设计水平，提升居住者的居住体验。设计师应在实践中灵活运用这一原则，创造出独具特色的室内环境。

3.家具样式与功能性的平衡

首先，家具样式与功能性的平衡在室内设计中至关重要。家具不仅仅是装饰品，更是为居住者提供舒适、便利生活的工具。因此，在选择家具样式时，必须考虑到其基本功能，确保家具不仅美观，还能满足用户的实际需求。

其次，样式选择中需保持家具的基本功能。不同的家具在样式上可能呈现出现代、古典、复古等不同的设计风格，但无论样式如何，其基本功能应当得到保留。例如，在选择一张沙发时，设计师需要确保其舒适度和支撑力得到保持，而不仅仅是注重其外观。因此，设计师需要深入了解不同家具类型的功能特点，确保在样式搭配中不会忽略功能性。

再次，使家具样式与整体设计保持协调是一项复杂而需要技巧的任务。家具样式应与整体设计风格相一致，以创造出协调统一的室内环境。例如，在现代风格的室内，选择简约、线条流畅的家具，以保持整体设计的清新感。在古典风格的室内，可以选择雕刻精致、造型优雅的家具，以彰显室内的典雅氛围。这种协调性既要考虑到单个家具的样式，也要考虑到整体空间的氛围。

最后，通过合理布置，实现样式和功能性的完美融合。合理的布局可以使家具发挥最大的功能，并且能够在整体设计中呈现出更好的视觉效果。例如，在客厅中，沙发和茶几的布置不仅要考虑到它们的样式搭配，还要确保用户在使用时能够得到足够的舒适和便利。通过布局，设计师可以创造出一个既美观又实用的空间。

第七节　空气流通原则

一、空气质量与健康

（一）良好的空气流通对室内环境的重要性

1. 空气流通与室内空气质量

良好的空气流通在室内设计中扮演着至关重要的角色，直接关系到室内空气质量和居住者的健康。不良的空气流通会导致空气中的污染物滞留，从而对室内环境产生负面影响。例如，密闭空间中缺乏足够的通风可能导致空气中的有害物质积聚，如甲醛、二氧化碳等，这些物质会对人体的呼吸系统和整体健康产生不良影响。

在室内设计中强调关注良好的空气流通是为了防止这些污染物在空间中滞留。通过合理设置通风系统、设计通风口和合理摆放室内植物等手段，可以有效提高空气的流通性，使新鲜空气更好地进入室内，有害气体更快地排出。这不仅有助于维持空气中的氧气水平，还能有效减轻室内空气中有害物质的浓度，为居住者创造一个更加清新、健康的居住环境。因此，在室内设计的过程中，对于良好的空气流通要给予充分的重视，以提高整体室内环境的质量和居住者的生活舒适度。

2. 通风对空气质量的改善

通风是维持室内空气清新的一项关键手段，对改善空气质量起着重要的作用。在设计中，自然通风和机械通风是两种常见的通风方式，它们各自具有优劣之处。

自然通风通过巧妙设计通风口、窗户等元素，利用自然气流的原理，实现室内外空气的交换。这种方式环保、能耗低，但在一些特殊气候条件下可能受到限制。机械通风则通过如通风扇、排风机等设备，主动引导室内空气流通，以实现空气的更新。机械通风在确保通风效果的同时，也能更灵活地适应各种气候条件。

在设计中，合理配置通风口、窗户等元素是实现良好室内通风效果的关键。通过在特定位置设置通风口，使空气能够自然流通，减少死角；在窗户设计上注重大小和位置，使之能够促进室内外空气的交换。通过案例分析，设计师可以更好地了解不同通风方式在不同空间中的应用，以便根据具体需求选择最适合的通风方案，创造出清新、舒适的室内环境。

（二）室内植物和通风系统的应用

1. 室内植物的空气净化效果

室内植物作为空气净化的有效手段，在室内设计中发挥着重要的作用。各类植物通过光合作用的过程，能够吸收二氧化碳、挥发性有机物等有害气体，并释放出氧气，从而改善室内空气质量。设计师在室内空间规划中充分利用植物的空气净化效果，不仅能够增添自然元素，还有助于提高居住者的生活品质。

不同植物具有不同的净化能力，因此在设计中需要考虑到植物的适用场景和养护要点。例如，吊兰、绿萝等适合放置在室内通风良好的地方，而金钱树、虎皮兰等对于适应干燥环境有较好的表现。通过合理选择植物种类，并考虑其布置位置，设计师可以最大限度地发挥植物的空气净化作用。

室内植物不仅具有实际的空气净化功能，同时也为室内空间注入了自然的生命力和美感。通过融入植物元素，设计师能够打造出清新、舒适的室内环境，使居住者在空间中感受到自然与健康的融合。

2. 通风系统的选择和应用原则

通风系统的选择在室内设计中具有重要的影响，特别是在追求舒适、健康室内环境的背景下。机械通风系统作为其中的关键组成部分，其设计需要综合考虑多个因素，以确保其在实际应用中发挥最佳作用。

首先，通风系统的选择应该充分考虑空间的大小。不同大小的空间对通风需求存在差异，因此通风系统的设计应根据空间的尺寸来确定适当的通风量和设备规模。在紧凑的空间中，可能需要更高效的通风系统；而在较大的空间中，需要确保通风系统能够充分覆盖整个区域。

其次，通风系统的设计也需要考虑使用功能。例如，厨房、浴室等高湿度区域可能需要更强力的通风系统，以有效排除潮气和异味。对于办公区域，则需要保证空气流通，提高工作效率和员工舒适度。

居住者的需求也是通风系统设计中至关重要的因素。一些人可能对空气质量更为敏感，需要更为高效的过滤系统，而一些人则可能对噪声产生较大的反感。因此，通风系统的选择应兼顾满足居住者的需求，提供更为人性化的设计。

通过实际案例的研究，设计师可以了解不同通风系统在特定空间和使用场景中的应用效果。这有助于为设计师提供实用的指导建议，帮助其在具体项目中选择最适合的通风系统方案，以创造出清新、舒适的室内环境。

二、空气流通与温湿度控制

（一）空气流通对温湿度控制的影响

1.空气流通与室内温度

空气流通在室内温度调控中扮演着关键的角色，对于创造舒适的室内环境至关重要。通过有效的通风设计，可以影响室内热量的分布，从而实现整体温度的均衡调节。

首先，空气流通通过带走或引入空气中的热量，直接影响着室内的温度。在高温天气下，通过通风设施引入新鲜空气，有助于降低室内温度，提供凉爽的居住环境。相反，在寒冷季节，良好的通风可以排除潮气和湿气，帮助保持室内的温度。

其次，空气流通还能够调节室内不同区域的温度差异。在一些大型空间中，如开放式办公区域或起居室，可能存在温差较大的情况。通过巧妙的通风设计，可以使空气在室内流动，促使热量均匀分布，减小温度差异，提高整体的舒适感。

设计师在空间规划和通风设计中应充分考虑室内温度的均衡性。合理设置通风口的位置，选择适当的通风设备，以及通过布局来优化空气流通路径，都是实现良好室内温度调控的重要手段。在不同季节和气候条件下，设计师可以灵活运用通风设计，确保室内温度在舒适范围内波动，提高居住者的整体生活质量。

2.空气流通与室内湿度

空气流通对室内湿度的调节起着至关重要的作用。通过良好的通风设计，可以有效地促进湿度的均匀分布，防止潮湿或干燥的现象，创造一个宜人的居住环境。

在高湿度的季节或地区，通风系统引入新鲜空气可以帮助排除潮湿，减缓室内湿度的积聚。通过通风，室内的潮气得以排除，有效避免了霉菌和细菌滋生的环境，提高了室内空气的品质。

相反，在干燥的季节或地区，通风系统的适度运行可以带入适量的湿气，防止室内过度干燥。良好的通风还有助于防止木制家具和地板因湿度不足而开裂，保持室内材料的稳定性。

通过实际案例的观察和分析，设计师可以更好地理解不同通风策略对室内湿度的调节效果。在实际项目中，根据具体的环境条件和居住者的需求，设计师可以选择适当的通风手段，确保室内湿度保持在舒适的范围内。这种关注室内湿度的通风设计有助于提高居住者的生活品质，创造一个舒适、健康的室内环境。

（二）实用的空气流通改善方法

1. 窗户设计的考虑

在室内设计中，窗户的设计是影响空气流通、温湿度状况的关键因素之一。设计师在考虑窗户设计时需要综合考虑多个因素，以创造一个既实用又美观的室内环境。

首先，窗户的位置是至关重要的。合理设置窗户的位置可以利用自然通风，引入新鲜空气并排出室内污浊空气。根据不同的空间和功能，确定窗户的位置，例如在客厅设置大面积的落地窗，可以使阳光充足且通风良好。

其次，窗户的大小也直接影响到室内的通风效果。大尺寸的窗户可以更充分地引入阳光和空气，但在实际设计中需要注意平衡，以免过大的窗户影响到室内的隐私和采光。

开启方式是另一个需要考虑的重要因素。推拉窗、推拉门、旋转窗等不同的开启方式会影响到空气流通的方式和程度。在选择窗户的开启方式时，需要考虑到空间的布局和功能，以及居住者的习惯和需求。

通过实例案例的观察和总结，设计师可以更好地了解不同窗户设计的效果和适用场景。例如，在需要提高通风效果的潮湿地区，选择采用上下推拉的窗户设计，有助于形成自然的空气对流，提高湿度的均衡性。而在需要保持安静和隐私的卧室空间，选择双层窗户或装饰性窗帘，即可实现良好的隔音效果和私密性。

因此，通过巧妙的窗户设计，设计师可以在满足空气流通的需求的同时，打造出既实用又具有艺术感的室内环境。这种综合考虑窗户位置、大小和开启方式等关键因素的设计方法，有助于提高室内环境的品质，满足居住者的舒适需求。

2. 通风口的设置原则

在室内设计中，通风口的设置是关乎空气流通效果的关键因素之一。设计师在考虑通风口时，需要遵循一些重要的设置原则，以确保良好的通风效果，提高室内空气质量的舒适性。

首先，通风口的位置至关重要。通风口的设置应考虑到空间的整体布局和功能分区，以及室内活动的频率和特点。通风口应位于污染源相对较多的区域，例如厨房、卫生间等，以便及时排除污浊空气，保持空气的新鲜度。此外，通风口的位置还需考虑自然通风的方向，合理设置可以引入自然气流，实现有效的通风。

其次，通风口的数量需根据空间的大小和人流密度进行合理配置。通风口数量过少可能导致通风效果不佳，而过多则可能影响室内空间的美观性。设计师需要在平衡通风需求和设计美感之间找到合适的比例，确保通风口的数量能够满足室内空气流通的需要。

设计风格也是通风口设置的考虑因素之一。通风口的设计风格应与整体室内风格相协调，避免造成不和谐的视觉冲突。可以选择与室内装饰一致的通风口造型和颜色，使其融入整体设计，不突兀且具有装饰性。

通过实践经验和案例研究，设计师可以更灵活地运用通风口的设置原则。在办公空间或公共场所，可以通过天花板上的排风口和地面上的通风格栅进行合理设置，以确保空气质量的均衡。在住宅空间，可以考虑在墙壁或窗户周围设置通风口，实现自然通风和空气的流动。

综合考虑通风口的位置、数量和设计风格等设置原则，设计师可以更好地实现室内空气质量的提升，确保居住者在舒适的环境中生活。这种灵活而综合考虑的设计方法有助于创造出更加宜人、健康的室内空间。

第三章　室内设计流程

第一节　室内设计的项目管理

一、项目计划与组织

（一）项目计划的关键性

1. 明确设计目标的必要性

在室内设计项目中，制定明确的设计目标是确保项目计划成功实施的首要任务。这一过程涉及对客户需求和空间功能进行全面而深入的考量。通过与客户进行积极而深入的沟通，设计团队能够深刻了解客户的期望和偏好，从而将这些关键信息转化为明确、可执行的设计目标。通过深入的沟通，设计团队可以洞察客户的审美取向、生活方式和实际需求，为项目确立明确的设计方向。这包括对空间功能、流程和美学要素的详细了解，以确保设计目标不仅满足客户的期望，还能够实现空间的最优利用。通过客户导向的沟通，设计团队能够建立起与客户之间的信任和理解，确保设计目标与客户的期望保持一致。这种深入地了解客户需求的过程为设计团队提供了在整个项目生命周期中指导决策的基础。总体而言，通过确立明确的设计目标，设计团队能够在项目的初期就建立起清晰的方向，为后续的设计过程提供有力的指导，最终实现客户满意度和设计质量的双赢。

2. 阶段性任务分解与时间节点设定

在项目计划的制订中，设定清晰的时间节点是确保项目按时交付的关键步骤。这涉及对项目任务的阶段性分解和精确的时间规划。通过案例分析不同项目的任务分解和时间规划，我们可以凸显在设计过程中的关键节点，以确保团队的高效运作。

在任务分解方面，设计团队应将整个项目划分为可管理的阶段，每个阶段包含一系列明确定义的任务和目标。通过合理的任务分解，可以有效地将复杂的项目拆解成可操作的部分，有助于团队更好地理解工作的逻辑和依赖关系。这样的分解也有助于实现任务的并行执行，提高整体效率。

关于时间节点的设定，设计团队需要根据项目的性质和复杂程度合理安排每个阶段的截止日期。以案例为例，例如在室内设计项目中，确定设计概念可能是一个关键节点，需要确保在预定的时间内完成。这个节点的延迟可能会对后续的设计和施工阶段产生连锁影响。因此，在项目计划中设定清晰的关键节点有助于及时发现潜在的问题并采取相应的纠正措施。

另一方面，通过案例分析，我们也可以看到在设计过程中的其他关键节点，比如方案确认、施工图设计、材料采购等。每个节点都承载着项目进展的重要信息，通过明确定义的时间节点，设计团队能够更好地掌握项目进度，保证任务的有序推进。

阶段性任务分解和时间节点设定在项目计划中扮演着至关重要的角色，不仅有助于团队的组织和协调，也为项目的成功交付提供了可靠的保障。

3. 风险和问题的前瞻性考虑

在项目计划的制定中，充分考虑潜在的风险和问题是确保项目成功的关键因素。这些潜在挑战可能涉及设计理念的不符、供应链问题、技术难题等方面。通过前瞻性的考虑和早期的风险管理，设计团队可以提前预防或有效应对这些潜在挑战，确保项目进展顺利。

在前期调研阶段，设计团队应该进行全面而深入的分析，识别潜在的风险因素。这可能包括对客户需求的详细了解，考虑到各种设计理念可能存在的冲突，以及对供应链可行性和技术难题的评估。通过早期的风险识别，设计团队可以更好地制定应对策略，防患于未然。

专业经验在前瞻性考虑中扮演着重要角色。设计团队的成员应该共享他们的专业知识和经验，特别是在类似项目中遇到的问题及其解决方案。这有助于团队更全面地了解可能的挑战，并从过去的经验中吸取教训，以改进和调整项目计划。

团队讨论也是前瞻性考虑的重要环节。通过团队内部的讨论和沟通，团队成员可以共同识别和分析潜在的风险，提出不同的观点和解决方案。这有助于形成共识，制订更为全面的风险管理计划，确保整个团队对可能的挑战有共同的认知。

前瞻性考虑风险和问题是项目管理中的重要实践。通过充分调研、利用专业经验和进行团队讨论，设计团队可以在项目计划中更有效地预防和应对各种潜在挑战，确保项目的顺利进行和成功交付。

（二）合理制定项目计划

1. 各阶段任务与时间周期的设定

在设计流程中，不同阶段的任务和时间周期的设定至关重要。深入探讨项目启动、概念设计、设计开发、施工图等阶段的具体任务，并针对项目的规模和复杂性，讨论如何合理设定时间周期。介绍项目管理工具和软件的实际应用，提高项目计划的可行性和执行效率。

2. 项目计划中的灵活性和调整机制

项目计划中的灵活性，即指在项目进行中能够根据实际情况进行调整。项目计划中的灵活性非常重要，特别是面对设计变更或客户需求的调整时，项目设计需要提供灵活调整的方法和案例，使设计团队更好地适应项目变化。

3. 项目管理工具的实用性

在室内设计项目中，不同的项目管理工具和软件发挥着关键作用，提升了设计团队在项目计划的制定、执行和监控方面的效率。

首先，甘特图作为一种直观的项目计划展示工具，为设计团队提供了清晰的时间线和任务关联性，帮助团队成员更好地了解项目的整体进展。通过甘特图，团队可以迅速识别并解决潜在的进度冲突，确保任务按时完成。

其次，任务看板的实际应用在项目执行阶段尤为显著。通过任务看板，设计团队能够以可视化的方式追踪每个任务的状态，快速识别当前任务的进展情况，有效分配资源以满足项目需求。在线协作平台则为设计团队提供了一个便捷的沟通和协作环境，使得团队成员可以随时随地共享文件、讨论项目进展，并及时响应变化。这种实时协作的方式有助于提高团队的响应速度，减少信息传递的滞后。综合而言，这些项目管理工具的实用性在于它们为设计团队创造了更为透明和高效的工作流程，加速了项目周期，提高了整体的项目管理水平。通过整合这些工具，设计团队能够更灵活地应对变化，提升团队的协同效能，从而实现更加成功和可控的室内设计项目管理。

（三）团队协作与组织结构

1. 设计团队的角色分工

在项目计划中，合理划分设计团队的角色分工是确保项目高效执行和成功完成的关键因素。这需要对各个成员的任务职责进行明确的规划，以确保整个设计团队能够协同合作、无缝配合。

首先，项目经理在设计团队中扮演着协调和领导的关键角色。项目经理负责整体项目的规划、组织和控制。他们需要确保项目目标的明确、预算的有效管理以及时间进度的合理安排。项目经理还需要与客户进行沟通，以了解其需求，并将这些需求传达给设计团队。与设计师和技术专家之间的沟通协调也是项目经理职责的一部分，确保项目在整个执行过程中保持顺利进行。

设计师是设计团队中的核心成员，负责将概念转化为创造性的设计方案。他们需要深入理解客户需求，运用专业技能将抽象的概念转化为可行的设计，并确保设计符合预算和时间要求。与项目经理的密切合作是必要的，以确保设计方案与项目的整体目标一致。

技术专家在设计团队中担任关键的角色，负责处理项目中的技术难题和实施方案。他们需要与设计师密切合作，确保设计方案的技术可行性，并在需要时提供专业的建议。与项目经理的协作是确保技术实施符合整体项目目标的关键。

在这个紧密协作的团队中，每个成员都在其专业领域内发挥着独特的作用。项目经理、设计师和技术专家之间的有效沟通和紧密协作是确保项目成功的关键。通过清晰定义每个成员的职责和角色，可以建立起一个高效协作的设计团队，为项目的顺利进行提供坚实的基础。

2. 沟通机制的建立

在项目管理中，建立有效的沟通机制是确保团队协作和项目成功的关键因素之一。这一机制可以包括例行会议、报告体系、在线协作工具等多种元素。

例行会议是促进团队沟通的常见方式之一。通过定期召开会议，团队成员可以分享项目进展、讨论遇到的问题，并提出解决方案。这种面对面的交流有助于加强团队协作，提高信息传递的效率，确保每个成员都了解项目的最新动态。

报告体系是另一个重要的沟通手段。通过建立清晰的报告体系，可以将项目的关键信息以一种结构化的方式传达给团队成员和相关利益方。这可以包括项目进度报告、风险分析、预算状况等方面的报告，使整个团队对项目的整体状况有清晰的认识。

在线协作工具在现代项目管理中扮演着越来越重要的角色。通过使用项目管理软件、在线文档共享平台等工具，团队成员可以实现实时协作，随时随地共享信息。这种实时的、跨地域的协作方式提高了团队的工作效率，确保信息的及时传递。

通过实际案例可以更清晰地展示有效沟通对于项目成功的关键性。例如，一个建筑设计项目中，设计团队通过每周例行的设计讨论会议，及时分享各自的进展和想法，解决了设计理念的一致性问题。此外，通过建立定期的项目进展报告体系，项目经理能够清晰地跟踪项目的财务状况，及时发现潜在的问题并采取措施。在线协作工具则帮助团队成员在不同地点实现实时的文件共享和协同编辑，提高了设计方案的协同效率。

通过建立多元化的沟通机制，团队可以更好地协作，确保项目信息畅通、问题得到及时解决，为项目的成功提供了坚实的基础。这些机制的有效运用有助于提高团队的协同效率，确保项目按时、按质完成。

3. 设计师与客户的有效沟通

设计师与客户之间的有效沟通是确保室内设计项目成功的关键因素之一。理解客户需求、引导客户表达期望并及时调整设计方案是建立良好沟通的核心。首先，设计师需要运用积极的倾听技巧，深入理解客户的愿望和偏好。通过开放式提问，设计师能够引导客户更详细地描述他们对设计的期望，包括风格、色彩、功能等方面的具体要求。

其次，设计师应该运用图形和样本等视觉工具，帮助客户更直观地表达他们的理念。可视化能够打破语言和概念上的障碍，使设计师和客户更容易就设计元素进行共鸣。通过呈现实际案例、图表和设计草图，设计师可以更清晰地传达设计概念，确保客户对设计方向的理解。

另外，及时调整设计方案是确保设计与客户期望保持一致的重要步骤。设计师应该主动收集客户的反馈，并根据反馈进行灵活调整。建立反馈回路有助于设计师及时纠正可能的误解或偏差，确保设计方案在实施前得到客户的认可。

设计师与客户的有效沟通不仅仅是一次性的任务，而是项目整个周期中持续的过程。通过保持透明度、及时反馈，以及建立开放和诚实的沟通渠道，设计师能够与客户建立信任关系，确保设计方向符合客户期望。通过这样的沟通方式，设计师不仅能够满足客户的需求，还能够为项目的成功交付奠定坚实基础。

二、预算与资源分配

（一）项目预算的设定

在项目初期，明确项目预算范围对于防范潜在的超支问题至关重要。

1. 客户沟通

在项目启动阶段，与客户建立良好的沟通渠道至关重要。通过深入讨论项目需求、范围和目标，设计团队能够确保客户对项目的关键要素有清晰的了解。这种沟通不仅有助于明确项目的方向，还能够建立起设计团队与客户之间的信任和合作基础。

首先，深入的项目需求讨论是确保项目成功的关键步骤。通过与客户充分沟通，设计团队可以深入了解客户的期望、偏好和具体需求。这包括对空间功能、设计风格、材料选择等方面的详细了解。通过深入讨论，设计团队能够更好地捕捉客户的愿望，为后续的设计工作提供有力的指导。

其次，明确项目的范围和目标是确保设计团队和客户在项目开始阶段达成共识的关键步骤。通过详细讨论项目的边界和预期结果，可以减少后期的不必要误解和争议。这有助于确保设计团队在整个项目过程中朝着共同的目标努力，提高项目的整体效率。

同时，通过与客户讨论项目的复杂性和可能的挑战，设计团队能够为预算设定打下基础。客户需要了解项目可能面临的各种情况，以便更好地理解预算的合理性和必要性。这种透明的沟通有助于建立客户对项目预算的信任，为后续的决策和调整奠定基础。

与客户的深入讨论是确保项目成功的关键一环。通过明确项目需求、范围和目标，以及沟通项目的复杂性和挑战，设计团队能够与客户建立起紧密的合作关系，为项目的顺利进行提供坚实的基础。

2. 预算明细

预算明细的详细列出是项目管理中确保经济状况透明、预算稳定的关键步骤。这涉及对项目各个方面的成本进行细致的分解，包括人力资源、物资采购、技术支持等多个方面。将预算分解为各个子项有助于更精准地掌握项目的经济状况，减少预算波动的可能性。

首先，人力资源成本是项目预算中的重要组成部分。这包括设计师、项目经理、技术专家等各个角色的工资、培训费用、福利等。通过详细列出每个人员的成本，项目管理团队可以更好地掌握整体的人力开支，确保在项目执行过程中能够合理配置人力资源。

其次，物资采购是另一个需要详细列出的方面。这包括材料、设备、工具等的采购成本。将采购成本分解为各个具体的物资项目，有助于确保项目团队对于物资采购的开支有清晰的了解，从而更好地控制预算。

技术支持方面也是一个需要详细考虑的预算子项。这可能涉及软件购买、IT服务费用等。通过将技术支持成本细化为具体的项目，可以更好地估算和监控这方面的开支，确保项目在技术实施过程中有足够的支持。

将项目预算分解为各个子项是项目管理中的一项精细工作，有助于确保项目的经济状况透明且可控。通过详细列出人力资源、物资采购、技术支持等各方面的成本，项目管理团队可以更加准确地评估项目的整体费用，并在执行过程中及时调整预算以适应可能的变化。这种细致的预算明细工作有助于降低预算波动的风险，为项目的成功执行提供更有力的保障。

3. 风险评估

对项目可能面临的风险进行全面评估是项目管理中至关重要的一环。这包括但不限于设计理念的不符、供应链问题、技术难题等各种潜在风险因素。在项目启动阶段，建议建立一套全面的风险管理机制，以确保这些风险因素被纳入预算考虑范围，并在项目执行过程中及时做出调整，避免因风险导致的超支。

首先，进行全面的风险评估是建立有效风险管理机制的前提。通过系统性的分析，项目管理团队可以识别潜在的风险来源，并对其概率和影响进行评估。这种细致的风险评估有助于建立一个全面、客观的风险清单，为项目的后续管理提供有力的基础。

其次，将这些风险因素纳入预算考虑范围是确保项目经济状况透明、可控的关键步骤。每个潜在风险都应该与其可能的成本关联，以确保在预算制定阶段就考虑到了可能的风险开支。这有助于项目管理团队在预算范围内留出一定的余地，以应对潜在的风险影响。

最后，建立一套灵活、及时的风险管理机制是在项目执行过程中避免超支的关键。这可能包括定期的风险审查会议、实时的风险监测系统等。通过这些机制，项目管理团队可以及时识别潜在的风险事件，并制定相应的应对策略，以最小化潜在影响并保持项目在可控范围内。

（二）资源的合理分配

1. 可用性评估

在项目计划中，全面考虑资源的可用性是确保项目成功执行的关键环节。其中，对设计师和团队成员的专业技能进行可用性评估尤为重要，这可以了解他们在项目中的贡献价值。通过这一评估，能够确保项目所需的关键技能在整个团队中得到合理分配，从而避免可能出现的关键技能缺失情况。

首先，对设计师的专业技能进行全面评估是项目计划中的一项基础工作。这包括审查过往项目经验、技术能力、创意设计能力等方面。通过对设计师个体的能力进行评估，团队能够更好地了解其在项目中的潜在贡献，从而有针对性地进行资源分配。

其次，对整个团队的专业技能进行评估，有助于确保项目中所需的多样化技能得到覆盖。不同项目阶段和任务可能需要不同的专业技能，因此在评估中要考虑到这种多样性，以确保整个团队具备应对项目各方面需求的综合能力。

另外，定期更新和审查这些评估是保持团队在整个项目周期中的适应性的关键。项目可能会面临变化，新的技术和趋势可能会涌现，因此及时更新对团队成员可用性的评估，有助于保持团队的竞争力和适应性。

通过对设计师和团队成员专业技能的全面评估，项目计划可以更好地确保关键技能的合理分配，避免在项目执行过程中出现关键技能的缺失，提高项目成功的可能性。这种可用性评估是项目管理中不可忽视的战略性步骤，对于保障项目的高效执行和质量输出至关重要。

2. 灵活性和调整

在项目的执行过程中，变数不可避免地会出现，因此在项目计划中注入灵活性显得尤为重要。这种灵活性使得团队能够根据实际需求灵活调整资源分配，以更好地适应变化的环境和项目需求。建议将灵活性融入项目计划的方方面面，包括但不限于人力资源、物资和时间的灵活运用。

首先，人力资源方面的灵活性体现在团队成员之间的可替代性和多样性。在项目计划中，建议团队成员之间具有一定的交叉培训，使得团队成员能够胜任不同领域的任务，从而在必要时进行灵活的人员调整。这有助于应对人员变动、突发情况或者某一领域需求激增等情况，确保团队的连续性和高效性。

其次，物资的灵活运用也需要在项目计划中有所考虑。这包括物资的采购、库存和使用。在面对市场波动或者供应链问题时，项目计划应该具备一定的弹性，以便迅速应对变化的物资需求，保障项目的正常进行。

最后，时间方面的灵活性指的是在项目进度安排上具备一定的弹性。项目计划应该设计得不过于僵化，以便在面对紧急情况、客户需求变化或者其他突发事件时，能够进行灵活调整，确保项目能够按时交付。

3. 团队协作

在项目管理中，团队协作被认为是取得成功的关键要素之一。协作性强的团队更容易应对挑战、提高效率并创造卓越的工作成果。因此，强调团队协作的重要性，以确保资源之间的协同工作，是项目计划中不可或缺的一环。

培训是提高团队协作效率的关键工具之一。通过为团队成员提供专业培训，可以提高其技能水平，加强对项目目标的共识，从而更好地协同工作。培训还有助于团队成员更好地理解各自的角色和职责，消除潜在的沟通障碍，使协作更加顺畅。

团队健身活动是另一个有效的手段，通过这些活动，团队成员之间可以建立更紧密的关系，增加彼此之间的信任度。这有助于提升团队合作的默契程度，降低协作过程中的摩擦和误解，从而最大限度地发挥资源的协同效应。

除此之外，项目计划中还应考虑团队协作的技术支持。利用先进的协作工具和平台，团队成员能够更便捷地共享信息、实时协作，并及时了解项目的最新进展。这有助于打破地域和时间上的限制，促进更灵活、高效的团队合作。

通过强调团队协作的重要性，通过培训和团队建设活动提高协作效率，以及借助现代协作工具提升团队的技术支持，可以在项目计划中创造一个有利于资源协同工作的环境。团队协作的成功不仅提高了项目执行的效率，还为团队创造了更具创造力和协同精神的工作氛围，有助于实现项目的卓越成果。

（三）预算控制与资源管理

1. 预算控制

在项目管理中，预算控制是确保项目经济效益的重要环节。为了有效管理项目预算，建议建立一套强有力的预算监控机制。这可以通过实时数据的追踪和分析来实现，以及引入现代技术手段，如项目管理软件，以提高监控的准确性和时效性。

通过实时数据追踪，项目团队可以随时监控项目的开支情况，及时发现潜在的预算超支问题。这种实时监控有助于提前识别潜在风险，使团队能够迅速采取措施，避免超过预算的进一步问题发生。项目管理软件的运用可以更加自动化地进行数据收集和分析，提高监控的效率和准确性。

在预算超支问题出现时，必须制定应对策略，以确保项目仍在预算范围内运行。这包括但不限于紧急预算调整、资源重新分配和与客户重新协商。紧急预算调整可能涉及重新评估项目各方面的成本，并对预算进行合理的修正。资源的重新分配可能需要优化团队的配置，以确保关键任务得到优先处理。与客户的重新协商可能涉及重新定义项目的范围，以适应变化的预算情况。

2. 资源管理最佳实践

在资源管理中，实施最佳实践是确保项目成功执行的关键。首先，通过合理规划工作流程，可以有效优化资源的利用，确保工作流程合理顺畅，避免资源在任务之间的长时间等待和闲置。通过流程优化，可以实现资源的高效利用，提高整个项目的执行效率。

避免资源的闲置也是一项重要实践。这可以通过合理的任务分配和资源调度来实现。确保每个团队成员都有明确的工作任务，并根据项目进展实时调整资源的分配。通过有效的协调和沟通，可以避免资源因为缺乏明确任务而处于闲置状态，提高整个团队的工作效率。

提高工作效率是资源管理的另一关键实践。这可以通过引入先进的工具和技术，以及为团队提供相关培训来实现。使用项目管理软件、协作工具等技术手段，可以简化工作流程，提高团队的协同效能。同时，为团队提供培训和技能提升机会，可以提高团队成员的专业水平，从而更高效地利用资源。

在项目执行过程中可能出现的突发状况，如人员离职或技术问题，需要有相应的应对策略。建议建立人员交接机制，确保离职人员的知识和经验得到传承。对于技术问题，及时调整团队成员的任务分配，寻找替代方案，以保证项目进度和质量不受影响。

第二节　客户需求分析和概念设计

一、深入了解客户需求

（一）客户需求调研

在项目启动阶段，深入了解客户需求是确保设计项目成功的首要任务。进行客户需求调研的关键在于与客户建立有效的沟通渠道。通过面对面的会议、问卷调查、访谈等多种手段，设计团队可以获取客户的详细信息，包括空间用途、风格喜好、功能需求等。

1. 会议和访谈

首先，定期召开会议是深入了解客户需求的关键途径。在设计项目的不同阶段，举行会议是确保设计团队与客户充分沟通的有效方式。这些会议旨在审视项目的当前进展，讨论设计方向，并听取客户的反馈。通过定期与客户进行面对面的交流，设计团队可以更加敏锐地捕捉到客户在设计过程中的变化需求，及时做出相应调整，保证项目朝着客户期望的方向发展。

其次，深入的访谈也是获取客户需求的一项重要手段。与简单的问卷调查相比，访谈能够提供更加详细和具体的信息。通过深度访谈，设计团队可以深入挖掘客户的潜在需求和偏好，理解客户对设计的深层次期待。访谈过程中，设计团队不仅能够收集客户的反馈，还能更好地把握客户的情感和价值观，为设计方案的制定提供有力支持。

再次，这些互动方式不仅仅是信息的单向传递，更是设计团队与客户之间建立信任关系的重要途径。通过与客户保持密切的沟通，设计团队能够主动倾听客户的声音，及时解决问题，赢得客户的信任。建立起良好的信任关系有助于提高项目的成功实施率，使设计团队更好地理解客户的期望，推动项目向着共同认可的目标迈进。

最后，通过直接与客户交流，设计团队不仅可以了解客户的期望和关切点，还能够在项目执行的过程中实时调整设计方案，确保设计的最终交付符合客户的实际需求。因此，会议和访谈作为深入了解客户需求的有效途径，不仅为设计团队提供了丰富的信息资源，也为建立设计项目的成功基石奠定了坚实的基础。

2. 问卷调查和数据分析

首先，问卷调查与数据分析是一种系统而全面的手段，能够为设计团队提供广泛而深入的客户需求信息。通过巧妙设计的问卷，团队可以涵盖多个方面的主题，包括但不限于审美偏好、功能需求、空间利用等。这种全面性有助于设计团队从多个角度了解客户的期望，为后续的设计决策提供丰富的素材。

其次，问卷调查通过收集大量客户反馈，为设计团队提供了庞大的数据集。这些数据集可以通过数据分析工具进行处理，揭示出隐藏在数据背后的模式和趋势。通过对数据的深入挖掘，设计团队能够更好地理解客户的集体需求，识别出设计中可能存在的共性和特殊性，从而有针对性地制定设计方案。

再次，数据分析为设计团队提供了科学的决策支持。通过对问卷数据的量化分析，设计团队可以量化客户对不同设计元素的喜好程度，评估各项需求的优先级，并根据数据结果制定设计策略。数据分析的科学性不仅提高了设计决策的客观性，也有助于团队更好地把握设计的定位和方向。

最后，结合问卷调查和数据分析，设计团队可以在设计过程中更加精准地满足客户需求。通过对数据的全面理解，团队能够在设计中避免盲目的决策，更好地把握设计的灵感来源，确保设计方案既满足客户的期望，又符合实际可行性。

综合而言，问卷调查与数据分析作为设计过程中的有力工具，不仅为设计团队提供了全面而深刻的客户需求信息，也通过科学的数据分析增强了设计的决策基础，为设计项目的成功实施提供了坚实的支持。

（二）客户需求理解与分析

深入了解客户需求并不仅仅是搜集信息，更需要对这些信息进行分析和理解。设计团队需要从客户提供的信息中挖掘出真正的需求，而非仅仅满足表面的要求。这包括：

1. 隐含需求的挖掘

首先，隐含需求的挖掘是设计团队在与客户深入沟通时的重要任务。这一过程不仅仅依赖于客户直言的需求，更需要团队通过敏锐的观察和灵活的提问，挖掘出客户未明说的偏好和期望。客户在日常交流中未必能够清晰表达自己的期望，因此，设计团队需要具备深厚的洞察力，以识别并理解这些隐含的需求。

其次，深入的观察是挖掘隐含需求的关键步骤之一。设计团队应通过对客户生活习惯、行为模式以及对环境的互动方式进行仔细观察，以捕捉潜在的需求信号。例如，客户在空间中的特定行为举止、对某种元素的反应等都可能透露出他们对设计的期待。通过对这些微妙之处的观察，设计团队可以更准确地把握客户的喜好和需求。

再次，深度的交流是挖掘隐含需求的有效途径。通过与客户建立良好的信任关系，设计团队可以开展更深层次的交流，主动引导客户分享他们的体验、情感和愿望。通过有针对性的提问和倾听，团队可以挖掘出客户内心深处的需求，包括对空间情感连接的期待、对设计元素的个人理解等。这种深度的交流不仅能够满足客户对个性化设计的需求，也为设计团队提供了更多的灵感和创作方向。

最后，设计团队需要将挖掘到的隐含需求融入最终的设计方案中。通过将这些需求纳入设计考量，团队可以打破传统设计的局限，创造出更贴近客户期望的空间。这也是设计团队与客户建立深厚关系的过程。通过满足隐含需求，设计团队不仅能够提高客户满意度，也有望在设计行业中树立良好口碑。

总体而言，隐含需求的挖掘是设计团队创作过程中的一项重要任务。通过细致入微的观察、深度的交流和灵活的设计思维，设计团队可以更好地满足客户的潜在期望，打造出更具创意和个性化的设计方案。这也是设计团队在提升设计水平和客户满意度方面的关键步骤。

2. 竞品分析

首先，竞品分析作为理解客户需求的重要途径，为设计团队提供了更全面的视角。通过对类似项目的成功案例进行深入分析，设计团队首先能够了解行业内的最新趋势和设计标准。这有助于团队在项目中融入先进的设计理念，确保设计方案具有行业前沿性和创新性。同时，通过研究成功案例，设计团队可以借鉴成功经验，了解项目成功的关键因素，为自己的设计提供有力的指导。

其次，通过竞品分析，设计团队能够深入挖掘行业内的失败案例。对于失败案例的剖析有助于设计团队避免类似的设计陷阱和问题，提升设计方案的可行性和成功率。失败案例中可能涉及的设计缺陷、用户体验不足等问题都是设计团队需要警惕和避免的，通过借鉴他人的失败，设计团队能够更谨慎地进行设计决策，减少项目的风险。

再次，竞品分析也为设计团队提供了丰富的灵感和创意来源。通过对不同项目的设计特点和创新之处的比较，设计团队可以激发自己的创作灵感，挑战传统设计的束缚，提出更具有前瞻性和个性化的设计方案。竞品分析有助于设计团队形成独特的设计风格，从而在市场竞争中脱颖而出。

最后，竞品分析也有助于设计团队更好地理解客户的期望和偏好。通过对竞品项目的用户反馈和口碑评价的研究，设计团队可以深入了解目标用户的需求和喜好，为设计方案的个性化和定位提供参考。这种用户导向的设计理念有助于设计团队更好地满足客户的期望，提高设计作品的市场竞争力。

总的来说，竞品分析是设计团队获取丰富信息、借鉴经验、获得灵感的重要手段。通过综合考察成功和失败案例，设计团队能够更全面地了解市场和用户需求，为自身的设计提供有力支持，实现更好的设计效果。

二、创意概念的形成

（一）创意概念的定义

在充分了解客户需求的基础上，设计团队着手形成创意概念。创意概念是设计项目的灵魂，是对客户需求的独特而富有创意的回应。这一阶段包括：

1. 创意定义与范围

（1）创意的明确定义

创意是指在特定的背景下，通过独特的思维和创新性的表达方式，创造出新颖、有趣、独特的作品或概念的过程。在设计领域，创意不仅仅是艺术的表达，更是对问题的独特解决方式和对用户需求的独特满足。创意设计的范围涵盖了设计的主题、风格、色彩等多个方面，它不仅关注形式美感，更关注用户体验和实用性。在创意设计中，一个清晰的创意框架是必不可少的，它确保了设计的一致性和独特性，使设计作品在市场中脱颖而出。

（2）创意的范围

创意的范围广泛而深入，涉及设计的方方面面。首先，创意设计需要明确定义设计的主题，这可以是产品、空间、品牌等。在明确定义的基础上，设计团队要考虑设计的风格，包括但不限于现代、古典、前卫等。此外，色彩在创意设计中也扮演着重要的角色，选择合适的色彩方案能够更好地传达设计的情感和理念。总体而言，创意设计的范围包括但不限于设计的主题、风格、色彩、表达方式等多个层面。

2. 创意概念的来源

（1）客户需求的深刻理解

创意概念的形成源于对客户需求的深刻理解。设计团队需要投入时间和精力，与客户进行充分的沟通，了解客户的期望、喜好、价值观等方面的信息。只有深刻理解客户需求，设计团队才能提出创新性、独特性的概念，满足客户的期望，甚至超越其预期。

（2）行业趋势的把握

创意概念的形成还需要建立在对行业趋势的把握之上。设计团队需要密切关注所处行业的发展动向，了解最新的技术、材料、设计理念等信息。通过对行业趋势的深入了解，设计团队可以更好地预判未来的设计方向，为创意概念的提出提供有力支持。

（3）多方面灵感的汲取

创意概念的形成不是孤立的，而是需要从多个方面汲取灵感。设计团队可以从艺术、文化、科技等领域获取启示，将不同领域的元素巧妙地融入设计中。这样的多元融合不仅能够使创意更为丰富，还能够赋予设计更深层次的内涵和意义。

通过深刻理解客户需求、把握行业趋势以及汲取多方面灵感，设计团队可以形成独特、前瞻性的创意概念。这些概念不仅能够满足客户的实际需求，还能够引领设计的潮流，为设计团队赢得更多的认可和市场份额。

（二）创意概念的发展

1. 草图和模型

（1）草图的重要性

在创意概念的发展阶段，草图是将抽象的概念具象化的关键工具。设计团队通过手绘草图，可以快速表达设计思想，捕捉灵感的瞬间。草图不仅可以用于内部团队的沟通，还可以作为与客户交流的重要媒介。通过草图，设计团队能够形成对概念的初步共识，为后续的设计工作奠定基础。

（2）模型的作用

模型是将概念具体化、立体化的工具，有助于更全面地了解设计的空间结构和比例关系。设计团队可以通过创建物理模型或数字模型，深入挖掘概念的可行性和实际效果。模型不仅有助于内部团队的审查和调整，还为客户提供了直观的感知体验。通过模型，设计团队可以在更具体的层面上展示概念，为后续设计工作提供参考。

2. 利用技术工具

（1）虚拟现实（VR）的应用

随着科技的不断发展，虚拟现实成为设计团队的重要工具之一。通过 VR 技术，设计团队可以将概念呈现为虚拟场景，使客户能够身临其境地感受设计空间。VR 不仅提高了设计展示的沉浸式体验，还为设计团队和客户提供了更直观、全面的交流平台。

（2）三维建模软件的应用

在现代设计中，三维建模软件是不可或缺的工具。设计团队可以利用三维建模软件，精确呈现设计概念的空间结构、细节和材质。这种数字化的表达方式不仅提高了设计的精准度，还为设计团队与其他专业人员的协同工作提供了方便。通过三维建模，设计团队可以更好地探索概念的各个方面，为后续设计决策提供有力支持。

通过草图和模型的手工制作，以及技术工具如 VR 和三维建模软件的应用，设计团队能够在概念发展阶段更全面、深入地探索设计的可能性。这些工具不仅提高了设计效率，还丰富了设计表达的形式，使设计团队能够更好地与内部成员和客户进行互动和沟通。

（三）客户参与反馈

1. 参与式设计

（1）参与式设计的概念

参与式设计是一种注重客户参与的设计方法论，旨在将最终的设计成果更好地与客户需求相契合。在创意概念的形成阶段，设计团队采用参与式设计的方式，将客户视作合作伙伴，共同参与到创意的构思和细化中。

（2）客户参与的具体方式

设计团队可以组织头脑风暴活动，邀请客户一同参与。通过集思广益，可以汇聚各种创意和想法，形成更加丰富和多元的创意概念。头脑风暴的过程不仅是对创意的灵感迸发，也是团队与客户深入交流的契机。

设计团队还可以举办创意工坊，通过团队合作的方式，让客户更深入地参与到设计的细节中。在创意工坊中，可以就特定主题展开讨论，客户可以分享他们的期望、偏好，从而共同打磨出更为精致的创意。

2. 反馈循环

（1）反馈循环的作用

建立反馈循环是确保创意概念持续优化的有效途径。通过与客户之间的持续交流，设计团队可以及时了解客户的反馈，发现问题，并在设计过程中进行调整。这种循环性的反馈机制有助于提高设计的质量，使其更符合客户的期望。

（2）反馈的获取方式

设计团队可以定期与客户召开会议，以了解项目进展和收集反馈。会议是直接而高效的沟通方式，可以就创意概念的不同方面展开讨论，客户可以明确表达他们的看法和建议。

设计团队还可以借助问卷调查的方式，以系统的形式收集客户的反馈。通过问卷，客户可以在自己的时间内进行思考和回答，设计团队可以从更广泛的角度了解客户的意见，为设计提供更多元的参考。

通过参与式设计和建立反馈循环，设计团队与客户之间形成了更加紧密的合作关系。客户的参与不仅为创意概念的生成提供了多样性和深度，而且通过反馈循环，设计团队能够及时纠正和优化设计，确保最终的创意概念能够真正满足客户的期望。

第三节　设计方案的制定

一、设计方案的构建

（一）空间规划与布局

设计方案的构建始于对空间规划与布局的深入思考。在这个阶段，设计团队需要充分考虑客户的需求和功能要求，合理分配空间，确保每个区域都能够达到最佳的使用效果。这包括：

1. 功能分区与需求分析

（1）明确定义功能区域

在空间规划中，对不同功能区域的需求进行细致分析至关重要。首先，需要明确定义办公区、休息区、会议区等不同功能区域，确保每个区域都能够满足特定的功能要求。

（2）客户需求分析

为了确保空间规划的有效性，必须充分了解客户的需求。这包括但不限于他们的工作流程、生活习惯，以及对特定功能区域的期望。通过与客户深入沟通，设计团队能够更好地把握空间规划的方向。

2. 流线设计与人机工程学

（1）流线设计原理

流线设计旨在创建一种自然、高效的空间布局，使人们在其中的移动更加顺畅。通过合理规划各个功能区域之间的关系，设计团队可以确保整个空间的流线性，提高空间利用率。

（2）人机工程学的应用

人机工程学是通过研究人体结构、功能和行为，将其应用于产品、系统和环境的设计中。在空间规划中，人机工程学的原理可以用于优化家具摆放、设备设置等方面，以确保空间布局符合人体工程学的要求，提高舒适度和效率。

（3）用户体验的重要性

流线设计和人机工程学直接影响用户体验的质量。一个经过良好设计的空间应该使用户感到舒适，并且在使用空间时能够流畅自如。通过考虑人的高度、步幅、习惯等因素，设计团队可以创造出更符合人性化的空间布局。

空间规划与布局是室内设计中至关重要的环节，它直接关系到使用者的舒适感和工作效率。通过明确定义功能区域，深入分析客户需求，并应用流线设计和人机工程学原理，设计团队可以打造出更加人性化、高效的空间布局，为用户提供优质的使用体验。

（二）材料与装饰的选择

设计方案的成功不仅仅取决于空间规划，还在于精选合适的材料和装饰元素。这一步骤需要充分考虑风格、耐久性、成本等多个方面：

1. 材料的品质与可持续性

（1）高品质材料的选择

在设计方案中，选择高品质的材料是确保项目成功的基础。高品质的材料不仅在外观和触感上有明显优势，更关键的是其在使用寿命和性能方面的出色表现。对于不同空间和功能，需要精准选择材料以满足相应需求，如防水性、耐磨性等。

（2）可持续性考虑

现代设计越来越注重可持续性，因此在材料选择上需要考虑其对环境的影响。选择可回收、可再生的材料，以及降低能源消耗的生产工艺，有助于减少对环境的负面影响。这不仅符合设计的时尚潮流，也展现了设计团队的社会责任感。

（3）环保性和可维护性

材料的环保性与可维护性是设计考虑的双重因素。环保性不仅仅关乎材料的生产过程，还包括其在使用过程中是否会释放有害物质。同时，考虑到装饰材料的寿命，选择易于清洁和保养的材料是保持空间长久美观的关键。

2. 色彩与纹理的搭配

（1）主题与客户喜好的考虑

在材料选择中，色彩与纹理的搭配是影响整体设计效果的重要因素。首先，需要根据设计的主题确定主导色调，再考虑与之相搭的辅助色彩。同时，深入了解客户的喜好，可以更好地选择符合其审美趣味的材料，提高设计的个性化和满意度。

（2）色彩心理学的运用

色彩心理学在材料搭配中有着重要的应用。不同颜色对人的情绪和感觉有着直接影响，因此在选择色彩时需要考虑空间的使用目的。比如，在休息区域选择温暖的色调，可以营造出舒适宜人的氛围，而在办公区域选择明亮清新的色调则有助于提升工作效率。

（3）纹理效果的统一性

纹理的选择同样需要谨慎，其与色彩一样，对空间的整体感起到关键作用。在搭配纹理时，需要考虑不同材料的纹理效果是否能够和谐统一，形成一种自然而连贯的整体感。同时，纹理的选择也要符合空间的功能和设计主题。

材料与装饰的选择是室内设计中决定项目成败的关键环节。高品质和可持续性的材料选择是设计的基础，而色彩与纹理的搭配则是赋予设计灵感和个性的方向。通过深入考虑材料的环保性、可维护性以及色彩纹理的搭配，设计团队可以打造出更具品质和独特性的室内设计方案。

（三）技术与创新的整合

现代设计方案需要充分整合技术与创新元素，以提升空间的智能性和功能性。这包括：

1. 智能家居系统

（1）科技手段的应用

现代设计方案必须充分整合智能家居系统，通过先进的科技手段实现对空间的智能控制。这一系统涵盖多个方面，包括但不限于照明、温度、安全等。通过智能家居系统，居住者可以轻松实现远程控制，随时随地调整空间环境，提高了居住的便利性。

（2）智能控制与舒适性

整合智能家居系统不仅仅是引入科技，更是提升空间舒适性的一种手段。通过智能照明系统，可以根据不同时间段和活动需求调整光线亮度，营造出适合工作、休息或娱乐的环境。智能温控系统则可以根据季节和居住者的偏好自动调整室内温度，提供更加舒适的居住体验。

2. 定制化设计与创新元素

（1）定制化元素的引入

现代设计注重个性化，因此在设计方案中引入定制化元素是不可或缺的一环。定制化设计包括定制家具、艺术品、灯具等，通过这些个性化的元素，空间可以更好地反映居住者的品位和生活方式。

（2）创新设计的应用

除了定制化元素，创新设计也是整合技术与创新的关键。设计团队需要紧跟时代潮流，引入前沿的设计理念和新颖的元素，使空间具备独特的创新性。这可能涉及使用新型材料、采用前沿的设计理念，或者引入当代艺术品等方式，为空间注入活力和时尚感。

技术与创新的整合是现代设计方案成功的关键因素之一。通过整合智能家居系统，提高空间的智能性和舒适性；引入定制化设计和创新元素，赋予空间个性和独特性。这种整合不仅仅满足了居住者对功能性和美学性的需求，也展现了设计方案的前瞻性和创新性。

二、风格与主题的确定

（一）客户偏好与风格选择

设计方案的成功还需要考虑客户的偏好和对风格的选择。在确定风格时，设计团队应该考虑客户的需求，并基于功能和氛围进行选择。

1. 客户需求的再确认

（1）客户需求分析

在设计方案中，客户的需求是至关重要的考量因素。设计团队需要通过深入的沟通和交流，再次确认客户的需求。这包括客户对空间功能的要求，对特定设计元素的偏好以及对整体风格的期望。只有充分理解客户的需求，设计团队才能够有针对性地选择合适的设计风格。

（2）风格偏好的明确

客户的风格偏好可能涉及现代、古典、简约、复古等多种元素。通过仔细确认客户需求，设计团队可以明确客户对每种风格的偏好程度，为后续的风格选择提供明确的方向。

2. 基于功能和氛围选择风格

（1）空间规划与风格匹配

在确定设计风格时，设计团队需要充分考虑空间规划和功能需求。不同的功能区域可能需要不同的设计风格来匹配其特定的功能和使用要求。例如，办公区域可能更适合简约现代的设计风格，而休息区域可能更适合温馨复古的设计风格。因此，在统一性和多样性之间找到平衡点，确保整体设计风格既能满足功能需求，又能营造出符合氛围要求的空间。

（2）客户参与共同决策

在风格选择的过程中，设计团队可以采用客户参与的方式，例如组织风格展示会或提供设计方案的初步草图，让客户更加直观地感受不同风格的效果。通过共同决策的方式，可以增强客户对设计方案的认同感，确保最终的设计风格是基于共识达成的结果。

客户偏好与风格选择是设计方案成功的关键环节。通过再次确认客户需求，明确客户对不同风格的偏好以及在功能和氛围方面的要求，设计团队可以有针对性地选择合适的设计风格。在这个过程中，设计团队需要充分考虑客户的参与，通过共同决策确保最终的设计风格能够充分满足客户的期望。

（二）文化与地域特色的融合

考虑到设计方案所处的文化和地域背景，将文化元素融入设计中，以增强设计的深度和独特性：

1. 地域特色的体现

（1）当地传统元素的整合

在设计方案中，首先应考虑整合当地传统元素，如建筑风格、装饰艺术、手工艺等，以确保设计与当地文化相契合。例如，在东亚地区，可以运用传统的屏风和格栅设计，同时结合现代元素，使设计更具独特性。

（2）地域特色材料的应用

考虑到地域特色，选择当地特有的建筑材料，以展现独特的地域风貌。在北欧地区，可以采用木材与玻璃的结合，体现自然与现代的交融，同时凸显北欧建筑的独特氛围。

（3）传统手艺的传承与创新

设计方案应注重对当地传统手艺的尊重和传承，同时通过创新的方式使其融入现代设计。例如，在中东地区，可以将传统的瓷砖工艺融入室内设计中，以展现地域独有的工艺美感。

2. 文化符号与象征的运用

（1）历史文化符号的引用

在设计中引用历史文化符号，以激发人们对历史的兴趣，并通过空间的表达来呈现历史的厚重感。例如，在欧洲城市设计中，可以运用中世纪的纹饰或城堡的设计元素，将历史文化融入现代建筑中。

（2）艺术符号的巧妙运用

通过艺术符号的运用，设计可以更具审美价值和文化内涵。在设计中引入当地艺术家的作品或当地艺术风格，使设计既有现代感又富有文化底蕴。

（3）信仰象征的巧妙融合

在设计中融入宗教象征，尊重当地信仰，同时避免引起争议。例如，在亚洲地区，可以巧妙地运用佛教或印度教的象征元素，使设计更加具有当地特色。

3. 设计的深度与独特性

（1）空间体验的考虑

设计不仅仅是建筑和装饰的组合，更是对空间体验的塑造。考虑使用者在空间中的感受，通过布局、色彩和材质的选择，创造出与当地文化相契合的舒适体验。

（2）文化故事的讲述

通过设计中的细节，讲述与当地文化相关的故事，使空间不仅仅是一个功能性的存在，更是一个富有情感和故事性的载体。这可以通过墙面装饰、艺术品摆放等方式来实现。

（3）可持续发展的考虑

考虑到地域特色和文化的融合，设计方案应注重可持续发展。选择环保材料，倡导当地传统的可持续生活方式，使设计既体现文化，又符合现代社会对可持续性的需求。

在整个设计过程中，设计师应深入了解当地文化、历史和社会背景，与当地居民进行有效沟通，以确保设计方案既能体现地域特色，又能受到当地社区的认可与欢迎。通过这样的文化与地域特色的融合，设计不仅仅是一种艺术表达，更是对人文关怀和社会责任的体现。

（三）主题的设定与展开

1. 主题的确定

在设计方案的初期阶段，设计团队首先需要考虑选定一个明确的主题。这个主题可以源自项目的背景、用途，也可以是设计团队在项目中想要传达的核心理念。选择主题的背后应有明确的目的，可能是为了突出文化特色、表达情感，或者强调可持续性等。

（1）主题的挖掘与深化

一旦选定主题，设计团队需要对其进行深入挖掘和推进。这包括研究与主题相关的历史、文化、艺术等方面的信息，以便更好地理解主题的内涵。例如，如果主题是"自然之美"，设计团队可以深入研究各种自然元素，并了解它们在不同文化中的象征意义。

（2）主题与目标受众的匹配

主题的选择也应考虑项目的目标受众。设计团队需要确定他们希望通过设计传达给受众的信息和情感。例如，在设计一座儿童医院时，主题可以选择以童话故事或欢乐的色彩为基础，以增强儿童的友好感。

2. 主题的展开与延伸

（1）色彩与主题的融合

色彩是设计中表达主题的关键元素之一。通过选择与主题相关的色彩，设计可以在整个空间中营造出特定的氛围。例如，如果主题是"温馨家庭"，可以选择柔和的暖色调，如米色、桃粉色，以营造温暖宜人的感觉。

（2）材料的选择与主题协调

设计方案的材料选择也应与主题协调一致。例如，在设计一个现代科技公司的办公空间时，可以选择金属、玻璃等现代感强的材料，以符合主题中的科技元素。

（3）造型与主题的表达

通过建筑和家具等的造型设计，可以更直接地表达主题。如果主题是"未来之城"，建筑的造型可以采用现代感极强的线条和曲线，使整体设计呈现出未来科技感。

（4）文化符号与主题关联

在主题的展开中，可以巧妙地引入文化符号，使设计更具深度。例如，在主题是"传统手工艺"的情况下，可以在设计中加入当地传统工艺的元素，以突出主题的文化内涵。

（5）延伸至空间体验

主题的展开不仅仅停留在表面层面，还应延伸至空间体验。通过布局、光影等设计手法，创造出与主题相符的空间氛围。在主题是"宁静与和谐"时，可以通过室内植物、柔和的灯光等方式打造宁静的空间氛围。

通过以上的层层展开与延伸，设计团队能够在整个项目中形成一个统一的、丰富而深刻的主题表达，使设计方案更加具有独特性和深度。这样的设计过程既考虑了外在的美感，也注重了内在的文化和情感表达，从而提升了设计的专业性和学术价值。

第四节 设计方案的表达和沟通

一、图形和语言的结合

（一）图形表达的重要性

设计方案的表达离不开图形语言，图形是设计师传达概念、构思和细节的主要方式。图形表达具有直观性和易理解性的特点，可以帮助客户更好地理解设计思路。

1.平面图与立体图的运用

（1）平面图的作用与重要性

平面图是设计方案中必不可少的元素之一，通过平面图，设计师可以清晰地展示空间的布局、功能分区以及家具摆放等。在建筑设计中，平面图更是对建筑结构、房间分布等方面的准确表达，为整个设计方案提供了蓝图。

（2）功能分区的明确呈现

通过平面图的绘制，设计师能够将整个空间划分为不同的功能区域，比如客厅、卧室、厨房等。这使客户能够一目了然地了解各个区域的用途和布局，为后续的具体设计提供了基础。

（3）流线与交互性的考虑

平面图也能够展示空间中的流线设计，即人在空间中的行走路径。通过合理设计流线，可以提高空间的实用性和舒适度。客户通过平面图可以更好地理解空间中的交互关系，从而对设计方案产生更直观的认知。

（4）立体图的还原感与逼真度

立体图在设计方案中的运用可以更直观地展现空间的实际感觉。通过透视、阴影等手法，设计团队能够呈现出空间的立体感，让客户仿佛置身其中。这种逼真的表达有助于客户更全面地理解设计方案，提高设计方案的可理解性和可接受性。

（5）虚拟现实与实景漫游的应用

随着虚拟现实技术的发展，设计团队可以将立体图提升到更高的层次，实现虚拟现实中的实景漫游。通过虚拟现实技术，客户可以在虚拟空间中自由走动，亲身感受设计的细节和氛围，从而更深入地参与到设计过程中。

2. 色彩与材料样板

（1）色彩的表达与情感传递

色彩是设计中极具表现力的元素之一，通过色彩的巧妙搭配，设计团队可以传达出设计方案的情感、氛围和主题。色彩样板可以清晰地展示出设计中所使用的各种颜色，并指导客户理解设计的情感表达。

（2）材料样板的材质展示

材料样板是材质选择的重要呈现形式。通过样板，设计师可以将所选用的材料的质感、纹理、光泽等细节展示给客户。这对于客户理解设计的材质感觉以及空间的整体氛围具有重要作用。

（3）实物样本与实际效果比较

在图形表达中，实物样本的运用也是不可忽视的。设计团队可以准备实际的材料样本，与色彩样板结合使用，使客户能够更直观地比较实际材料与设计效果之间的差异，增加设计的可信度。

（4）数字化工具辅助

除了传统的色彩样板和材料样板，数字化工具的应用也成为图形表达的一大趋势。通过使用CAD(计算机辅助设计)软件等工具，设计师可以创建数字化的色彩搭配和材料展示，为客户提供更为灵活和直观的呈现方式。

（5）表达设计理念的文化符号

在色彩和材料的选择中，设计团队还可以巧妙地引入文化符号，以表达设计的特定理念。例如，在酒店设计中，通过选择传统文化中常见的颜色和材料，可以使设计更贴近当地文化，为空间注入独特的文化氛围。

通过以上对平面图、立体图、色彩样板和材料样板的深入分析，我们可以清晰地看到图形表达在设计方案中的重要性。这种直观、易理解的表达方式不仅帮助设计师更好地传达设计理念，也使客户更容易理解和接受设计方案，提高了设计沟通的效率和质量。在当今的数字化时代，图形表达通过各种先进的工具和技术，进一步丰富和拓展了设计的表现手段，为设计领域注入了更多创新与可能性。

（二）语言表达的精准性

除了图形表达，语言也是设计方案表达的重要手段。精准而清晰的语言表达可以帮助客户理解设计的理念、文化内涵和专业性。

1. 专业术语的解释

（1）避免过度专业术语的使用

在与客户进行设计方案的沟通时，设计团队应尽量避免过度使用专业术语。过多的专业术语可能让客户感到困扰，降低了沟通的效果。因此，在表达设计概念时，应采用通俗易懂的语言，以确保客户对设计内容的准确理解。

（2）必要时的专业术语解释

当设计方案涉及必要的专业术语时，设计团队应当给予清晰的解释。通过简洁而明了的语言，向客户解释术语的含义、作用以及与设计方案相关的背景知识。例如，在介绍建筑结构时，可以解释梁、柱、悬挑等专业术语，使客户对设计方案的结构理念有更深刻的了解。

（3）可视化辅助解释

为了更好地解释专业术语，设计团队可以结合图形表达，通过可视化的方式展示术语所描述的概念。例如，通过平面图、立体图或模型展示，将抽象的专业术语转化为客户更容易理解的形象，提高沟通的效果。

（4）建立共同的词汇体系

在项目启动阶段，设计团队可以与客户共同建立一个词汇体系，明确双方对于某些专业术语的理解。这有助于降低沟通误差，确保双方在设计讨论中有一致的语言基础。

2. 设计理念的阐述

（1）言简意赅地表达设计理念

设计方案中的核心理念通常包括空间功能、文化内涵、创意灵感等方面。在向客户阐述设计理念时，设计团队应采用简练而有力的语言，突出设计的核心思想。通过言简意赅的表达，设计师能够引导客户更准确地理解设计的目的和愿景。

（2）注重核心要点的强调

在设计理念的阐述中，应着重强调设计的核心要点。通过对关键信息的突出呈现，设计团队能够引导客户更集中地关注设计方案的重点，避免信息过载。例如，在介绍一个商业空间设计时，可以强调空间的品牌表达、目标客户群体以及与品牌形象相关的设计元素。

（3）案例分析与实际效果展示

为了更生动地阐述设计理念，设计团队可以结合实际案例进行分析。通过具体的项目经验，向客户展示设计理念的实际应用效果，使客户更容易理解和接受设计方案。这也有助于建立客户对设计团队专业能力的信任感。

（4）客户参与反馈的引导

在设计理念的阐述中，设计团队可以引导客户积极参与，让客户提供他们的想法和反馈。通过与客户的互动，设计师能够更全面地了解客户的需求和期望，从而调整设计方案，使之更符合客户的期望。

通过精准而清晰的语言表达，设计团队能够更有效地与客户进行沟通，使客户对设计方案有更准确的理解。在避免过度专业术语的同时，通过必要的解释和可视化手段，设计团队能够提高客户对设计方案的接受度和认同感。设计理念的言简意赅、核心要点的强调以及实际效果的案例展示，都有助于建立起设计团队与客户之间的良好沟通与合作关系。

（三）图文并茂的方案说明

将图形和语言相结合，制作图文并茂的方案说明是有效沟通的重要环节。这需要设计团队具备一定的排版和编辑能力，使方案说明既具有美感，又能清晰传递设计信息。

1. 制作精美的设计手册

（1）排版设计的重要性

设计手册的排版设计是整个方案说明的重要一环。合理的排版可以使信息结构清晰，读者易于理解。通过选择合适的字体、字号、行间距和版面比例，设计团队能够营造出整体美感，提高方案说明的可读性。

（2）插图的巧妙运用

插图在设计手册中的应用是不可或缺的，它能够直观地展示设计概念和空间效果。通过使用平面图、立体图、色彩样板等插图，设计手册能够生动地呈现设计的方方面面，让客户更容易理解设计方案。

（3）清晰的文字说明

文字说明在设计手册中同样起着关键作用。设计团队应注意使用简练而精准的语言，避免过多的废话。文字应围绕主题展开，阐述设计理念、特色和细节，为客户提供详尽的设计信息。

（4）色彩搭配与品牌一致性

设计手册的色彩搭配不仅要考虑美感，还要与设计方案的主题和品牌形象一致。通过采用与设计一致的色调，设计手册能够更好地传递设计方案所要表达的情感和氛围。

（5）多层次信息的展示

设计手册应当具备多层次的信息展示，以满足不同读者的需求。通过设置章节、小标题、引用框等，将设计信息层层递进，使读者可以根据自己的需求深入阅读，同时也便于快速浏览。

2. 利用数字化媒体

（1）视频介绍设计思路

数字化媒体如视频是表达设计方案的一种生动方式。通过制作短视频，设计团队能够直接展示设计思路、空间布局和色彩搭配，让客户更直观地感受设计的特色和魅力。

（2）动画演示空间效果

动画是另一种数字化媒体的利器，能够以更生动的方式呈现设计方案的空间效果。通过动画，客户可以仿佛漫步于设计空间中，更好地理解空间的流线、功能布局以及设计的创新之处。

（3）交互式体验的应用

借助交互式媒体，如虚拟现实技术，设计团队可以为客户提供更丰富的体验。客户可以通过虚拟现实设备亲自体验设计空间，感受到每个角落的细节，增强对设计方案的理解和接受度。

（4）社交媒体平台的推广

数字化媒体还可以通过社交媒体平台进行推广。设计团队可以在 Instagram、Pinterest 等平台上分享设计手册中的精彩插图、视频片段，吸引更多目标受众的关注，提升设计方案的知名度和影响力。

（5）移动端应用的开发

设计团队还可以考虑开发移动端应用，通过手机或平板设备，客户可以随时随地查看设计方案，与设计师进行互动。这种方式使得设计信息更加便捷地被客户获取，增加了方案的传播渠道。

通过图文并茂的方案说明，设计团队能够以更丰富、直观的方式向客户传递设计信息。精美的设计手册和数字化媒体的应用不仅提升了设计方案的表现力，也加强了设计团队与客户之间的沟通和合作。在数字化时代，充分利用各种媒体手段，使设计方案更具创新和吸引力，对于提升设计行业的影响力至关重要。

二、客户和团队的有效沟通

（一）沟通前期准备工作

在进行客户和团队之间的沟通时，充分的准备工作是确保沟通顺利进行的关键。这包括：

1. 了解客户的沟通风格

（1）初期调研客户需求

在项目启动前，设计团队应进行初期的调研工作，深入了解客户的需求和期望。这包括客户的喜好、偏好风格、项目的具体要求等。通过调研，设计团队可以更准确地把握客户的背景和期望，为后续的沟通奠定基础。

（2）分析客户的专业背景

了解客户的专业背景是沟通前期的关键一环。不同行业、领域的客户对于设计的理解和期望会有所差异。设计团队需要针对客户的专业领域，调整沟通方式和表达方式，确保设计信息能够被客户准确理解。

（3）沟通风格的了解与调查

客户的沟通风格涉及对设计专业性的理解程度、对细节的关注点等方面。通过与客户的交流、观察之前的沟通记录，设计团队可以初步了解客户的沟通风格。是偏向于细致入微的讨论，还是更注重整体概念的把握，这些都是在沟通中需要注意的方面。

（4）沟通的心理因素考虑

在了解客户的沟通风格时，也需要考虑到心理因素。了解客户可能存在的担忧、期望和愿望，有助于设计团队更敏锐地处理沟通中客户的情绪和心理需求。这种情感智能的沟通能力有助于建立更加良好的合作关系。

2. 制定明确的沟通计划

（1）明确沟通目标与内容

在项目启动阶段，设计团队应明确沟通的目标和内容。确定需要传达的信息、讨论的重点，确保每次沟通都有明确的目的，避免沟通过程中偏离主题。

（2）制定沟通计划的时间表

制定一个明确的时间表对于沟通的连续性非常重要。包括定期的会议安排、项目进度报告的提交时间等。通过合理规划时间，可以确保团队和客户在整个项目周期内保持紧密的沟通，及时解决问题和调整方向。

（3）选择合适的沟通方式

根据项目的特点和客户的喜好，选择合适的沟通方式。这可能包括线上会议、面对面会议、邮件沟通等。不同的沟通方式有不同的优劣势，设计团队需要根据实际情况选择最合适的方式。

（4）建立反馈机制

在沟通计划中应当包括建立反馈机制的步骤。客户的反馈是项目进行中非常宝贵的信息，设计团队应确保客户能够在沟通中畅所欲言，鼓励其提出意见和建议。

（5）沟通过程中的灵活调整

沟通计划应具有一定的灵活性，能够随着项目的进展进行调整。有时候可能会出现一些紧急情况或客户的时间安排发生变化，设计团队需要及时调整沟通计划，确保沟通不受影响。

通过充分了解客户的沟通风格，并制定明确的沟通计划，设计团队能够在沟通前期有针对性地准备，为后续的合作奠定基础。这种系统性的准备工作不仅有助于提高沟通的效率，还能够与客户建立更加良好和密切的合作关系。

（二）沟通技巧的运用

在沟通中，运用一定的沟通技巧能够更好地达成共识，减少误解和冲突。

1. 倾听和理解

（1）主动倾听的重要性

在沟通过程中，主动倾听是建立良好沟通的关键。设计团队应关注客户表达的每一个细节，通过专注和主动的姿态，表现出对客户需求的重视。这种倾听不仅仅是听到客户说的话，更要理解其背后的真实需求和期望。

（2）非言语信息的捕捉

除了文字表达，设计团队还需要捕捉非言语信息，如肢体语言、表情和语气。这些非言语信息往往能够更准确地传达客户的情感和态度，有助于更深入地理解客户的真实感受。

（3）提问以促进深层次对话

通过巧妙的提问，设计团队能够引导客户展开更深层次的对话。开放性的问题可以激发客户表达更多细节，而封闭式问题则有助于获取明确的回答。提问的艺术在于恰到好处地引导对话，使信息更加全面和清晰。

（4）确认理解，避免误解

在倾听的过程中，设计团队应及时确认对客户需求的理解，避免因为偏差或误解导致后续工作的困扰。通过总结和回顾，确保设计团队和客户对于需求的理解达成一致。

（5）积极回应客户反馈

客户的反馈是沟通的重要环节之一。设计团队需要积极回应客户的反馈，表现出对客户意见的尊重和重视，及时调整设计方案以满足客户的期望，建立起良好的合作关系。

2. 清晰而简洁的表达

（1）避免专业术语的过度使用

在向客户和团队介绍设计方案时，设计团队应避免使用过多的专业术语，宜采用通俗易懂的语言，使设计信息更易于被理解，提高沟通的效果。

（2）结构化的表达方式

设计团队在表达设计方案时，应采用结构化的方式，将信息有序地呈现给客户。通过清晰的标题、分点式的陈述，使信息更易于被接受和理解。

（3）图形辅助表达

除了语言表达，图形表达也是清晰传递设计信息的有效手段。通过平面图、立体图、色彩样板等图形工具，设计团队能够直观地展示设计方案的特色和亮点，强化信息传递的效果。

（4）强调设计方案的核心思想

在表达设计方案时，设计团队应注重强调核心思想。通过简洁而有力的语言，突出设计的独特之处和创新之处，使客户能够更深刻地理解设计的精髓。

（5）避免信息过载

设计团队在表达设计方案时，应注意避免信息过载。选择关键信息进行强调，确保客户能够在短时间内获取最重要的设计信息，提高信息的传达效果。

3. 引导性的提问

（1）提问的目的和技巧

设计团队在沟通中应灵活运用引导性的提问，以更深入地了解客户需求。这需要设计师清晰地了解提问的目的，使用开放性的问题引导客户详细表达，同时运用封闭式问题获取明确的回答。

（2）了解客户期望和偏好

通过巧妙的提问，设计团队可以更全面地了解客户的期望和偏好。例如，通过询问客户对色彩、风格、功能的偏好，设计团队能够更精准地调整设计方案，使之更符合客户的心理预期。

（3）提问以激发创意

引导性的提问不仅限于了解客户需求，还可以用于激发创意。通过询问关于客户梦想、愿景的问题，设计团队能够获取到更多的灵感，为设计方案注入更富创造力的元素。

（4）客户参与决策的引导问题

在设计决策的过程中，设计团队可以通过引导性的提问，促使客户更主动地参与决策。通过询问关于不同设计选择的优缺点、适用场景等问题，设计团队可以引导客户更深入地思考，从而更积极地参与到设计决策中，提高客户对设计方案的满意度。

（5）灵活运用不同类型的问题

设计团队在引导性提问中应当灵活运用不同类型的问题，包括开放性问题、封闭性问题、反向问题等，这样可以更全面地了解客户需求，避免陷入单一的沟通方式，提高信息获取的效果。

（三）创造性演示与互动

1. 利用虚拟现实和增强现实

（1）虚拟现实技术的应用

虚拟现实技术通过模拟真实的三维空间，使客户能够沉浸式地体验设计方案。设计团队可以利用 VR 技术创建虚拟空间，让客户仿佛置身于设计场景中。通过头戴式显示器或其他 VR 设备，客户可以 360 度全方位地观察设计方案，更直观地感受空间布局、色彩搭配以及设计细节。

（2）增强现实技术的运用

增强现实技术将虚拟元素叠加到真实环境中，通过智能手机、平板电脑等设备，设计团队可以实时演示设计方案。例如，通过 AR 应用，客户可以在现实环境中看到设计的虚拟家具、装饰品等，更好地理解设计与实际空间的融合效果。

（3）沉浸式体验的优势

虚拟现实和增强现实提供了一种沉浸式的体验，使客户能够更全面、更深入地了解设计方案。这种体验不仅仅是观看图纸或模型，而是真实感的空间漫游，有助于客户更准确地感受设计的氛围和特色。

（4）反馈机制的建立

在虚拟现实和增强现实演示过程中，设计团队可以引导客户提供及时的反馈。客户可以通过设备或手势交互指出对设计的喜好、改进建议，从而实现实时的互动和调整。这种反馈机制有助于迅速满足客户的需求，提高设计方案的质量。

（5）成本与效益的权衡

尽管虚拟现实和增强现实技术提供了强大的演示工具，但设计团队也需要考虑成本与效益的平衡。投资高端的 VR 设备和开发可能需要较大的资金，因此在决策时需要充分评估项目的规模和客户的期望，确保投入产出比是可接受的。

2. 互动式的工作坊和会议

（1）组织设计工作坊

设计团队可以组织设计工作坊，邀请客户参与到设计过程中。工作坊的形式可以包括头脑风暴、设计游戏等互动性强的活动。通过集思广益，团队和客户能够共同产生创新的设计思路，建立更为深入的沟通关系。

（2）共同参与设计决策

在会议和工作坊中，设计团队可以与客户共同讨论设计决策。通过共同参与决策，客户能够更好地理解设计的背后逻辑，同时也增加了客户对设计的投入感，提高了设计的成功实施的可能性。

（3）可视化工具的使用

在互动式的工作坊和会议中，设计团队可以利用可视化工具，如白板、涂鸦板等，实时展示设计方案。这有助于更清晰地传达设计概念，引导参与者更深入地了解和讨论设计的细节。

（4）利用团队专业知识

设计团队在互动过程中可以发挥其专业知识的优势。通过向客户解释设计决策的专业性，设计团队可以建立起对其专业素养的信任和尊重。通过透明化的设计决策过程，客户能够更好地理解设计选择的合理性，加强双方之间的信任关系。

（5）团队协作与客户参与的平衡

在互动式的工作坊和会议中，设计团队需要平衡团队协作和客户参与的程度。充分发挥设计团队专业性的同时，也要保证客户有足够的空间表达意见和提出建议，建立共同合作的氛围，使得设计过程更具互动性和合作性。

（6）定期沟通与反馈

互动式的工作坊和会议并非一次性的活动，设计团队需要建立起定期的沟通机制。通过定期的会议和工作坊，可以持续追踪项目进展，及时解决问题，确保设计方案在整个过程中保持与客户的紧密互动。

（7）文化差异的考虑

在互动过程中，设计团队还需考虑可能存在的文化差异。不同背景的客户可能对互动方式和决策过程有不同的期望与习惯。设计团队需要灵活调整互动方式，以尊重和适应不同文化的需求，确保沟通的顺畅和高效。

（四）沟通中的问题解决

1. 及时回应客户反馈

（1）建立反馈渠道

在沟通过程中，建立有效的反馈渠道是解决问题的第一步。设计团队可以通过邮件、会议纪要、在线平台等方式，为客户提供留言、反馈意见的途径，确保信息的及时传递。

（2）设立专人负责反馈

为了更高效地处理客户反馈，设计团队可以设立专人负责收集和回应反馈。这个专人应具备良好的沟通能力和问题解决能力，能够及时了解客户需求并进行有效回应。

（3）回应的及时性和针对性

客户提出的问题或反馈意见需要及时回应，并且回应要具有针对性。设计团队应在回应中明确问题的解决方案，向客户传递解决问题的决心和实际行动。

（4）关注客户满意度

除了解决具体问题，设计团队还应关注客户的整体满意度。通过定期调查客户满意度，收集客户的意见和建议，设计团队可以不断改进沟通和服务，提升客户体验。

（5）客户教育和引导

有时客户的反馈可能基于对设计行业的误解或不了解，设计团队可以通过回应进行客户教育和引导，解释设计决策的背后逻辑，有助于客户更好地理解设计方案，减少不必要的疑虑和误解。

2. 灵活调整设计方案

（1）建立变更管理机制

为了应对客户提出的新需求或变更，设计团队应建立完善的变更管理机制，明确变更的流程、责任人和审核机制，确保变更能够被合理而有效地整合到设计方案中。

（2）评估变更对成本和时间的影响

在进行设计方案的变更时，设计团队需要及时评估变更对成本和时间计划的影响，透明地向客户展示变更可能引起的调整，并与客户充分沟通变更所带来的影响。

（3）灵活应对客户新需求

客户在沟通中可能会提出新的需求，设计团队应该具备灵活应变的能力。通过与客户深入沟通，理解新需求的背后动机，设计团队可以为客户提供更贴近期望的设计方案。

（4）提供多样化的解决方案

当客户提出变更或新需求时，设计团队可以主动提供多样化的解决方案。通过展示不同的设计选项和变更方案，帮助客户更好地理解选择的可能性，使其更容易做出决策。

（5）沟通变更的合理性

在变更发生时，设计团队需要与客户沟通变更的合理性。通过清晰的解释和逻辑论证，设计团队可以获得客户的理解和支持，使变更过程更加顺利。

通过及时回应客户反馈和灵活调整设计方案，设计团队能够更好地解决沟通中可能出现的问题，确保设计方案符合客户的期望，并建立起更加良好的合作关系。这种积极主动解决问题的能力有助于提升设计团队的专业形象，增强客户对设计团队的信任度。

（五）沟通的文化敏感性

1. 考虑文化差异

（1）文化敏感性的重要性

在设计方案沟通中，考虑文化差异的敏感性至关重要。不同文化对于颜色、符号、象征等设计元素可能有不同的理解和解读，设计团队应该意识到这一点，以避免设计中可能引发的文化冲突。

（2）深入了解客户文化背景

在与国际客户或跨文化团队进行沟通之前，设计团队应深入了解客户的文化背景。这包括了解客户的价值观、传统习俗、审美观念等方面，以更好地融入当地文化，使设计更具接受性和亲和力。

（3）谨慎处理敏感主题

在沟通中，设计团队应该谨慎处理可能涉及敏感主题的设计元素，如宗教、政治、文化符号等，避免使用可能引起误解或冲突的设计元素，或者在使用时事先与客户进行充分沟通和确认。

（4）定期沟通与调整

由于文化差异的复杂性，设计团队应定期与客户进行沟通，了解客户的反馈和调整需求。及时了解文化差异可能导致的问题，有助于设计团队及时调整设计方案，提高设计的接受度。

（5）培训团队文化敏感性

设计团队成员需要接受相关的文化敏感性培训，以提高对不同文化的理解和尊重。这有助于建立一个更加包容和开放的团队氛围，有效降低文化差异可能带来的沟通障碍。

2. 多语言沟通策略

（1）明确沟通语言和方式

在多语言环境中，设计团队应该明确沟通的语言和方式。确定主要使用的语言，并考虑使用图形、符号等方式来增强信息的传达，以确保信息能够准确地被理解。

（2）翻译专业性的保障

如果设计团队需要提供翻译服务，应确保翻译具备专业性和准确性。使用专业的翻译人员或工具，以避免因语言表达问题导致的信息误解。

（3）避免俚语和文化隐喻

在多语言沟通中，设计团队应避免使用可能带有地域性俚语或文化隐喻的表达方式。这些表达可能在其他语境中被误解，影响沟通的清晰度和准确性。

（4）提供多语言文档和资料

设计团队应提供多语言的设计文档和资料，以方便客户更好地理解设计方案。这可以包括项目说明书、设计手册等，确保信息在不同语言背景下都能够被充分理解。

（5）定期确认沟通效果

在多语言沟通中，设计团队需要定期确认沟通效果，了解客户是否能够准确理解设计信息。通过反馈机制，设计团队可以及时调整沟通策略，提高信息传递的有效性。

通过考虑文化差异和制定明确的多语言沟通策略，设计团队可以更好地应对跨文化沟通可能面临的问题，确保设计方案能够被客户准确理解和接受。这种文化敏感性的沟通方式有助于建立良好的国际合作关系，提升设计团队的国际竞争力。

第五节　方案的细化和深化

一、设计细节的关注

（一）室内布局的精细化

在方案的细化过程中，设计团队应着重关注室内布局的精细化。这包括：

1.家具摆放与空间流线

在室内设计中，家具的摆放与空间流线规划是确保室内空间实用性和美观性的关键因素。首先，详细考虑家具的摆放位置至关重要。这不仅仅是简单地将家具放入空间，而是需要深入分析空间的功能需求、客户的生活方式以及家具本身的设计特点。在摆放过程中，应当充分考虑家具的尺寸、形状和材质，以确保它们与空间的整体设计风格相协调。

其次，家具的摆放需要符合空间的功能需求。不同房间和区域有不同的功能，因此在摆放家具时，必须考虑到这些功能。例如，在客厅中，沙发和咖啡桌的摆放应考虑到舒适的坐姿和方便的交流。而在卧室中，床的位置和衣柜的摆放则需要充分考虑储物与使用的便捷性。

再次，要保持空间的通透感和流线性。通透感是指空间显得开阔、明亮，不会让人感到局促和压抑。在家具摆放过程中，需要避免过度拥挤，合理分配家具的位置，留出足够的通道空间。流线性则强调空间内的动线设计，使人在空间中移动时感到顺畅而不受阻碍。通过巧妙的家具布局，可以优化空间的流线，使其更加舒适和实用。

最后，合理规划家具布局，使其与整体空间和谐统一。这需要考虑到家具之间的协调性，以及家具与空间中其他元素的和谐统一。家具的颜色、材质和款式应与整体空间设计风格相契合，形成统一而完美的室内环境。通过精心的规划和设计，家具不仅仅是功能性的器具，更是空间设计中的重要元素，能够为居住者提供舒适、宜居的居住体验。

总体而言，家具摆放与空间流线规划需要设计团队充分发挥专业技能，结合空间的实际需求和客户的个性化要求，创造出既实用又美观的室内环境。这不仅需要设计团队具有对家具设计的深刻理解，还要具备对空间布局和人居心理的敏感性，以确保最终的设计方案能够在功能性和美学上取得完美的平衡。

2. 功能细分与区域划分

首先，功能细分与区域划分在室内设计中扮演着关键的角色，其目的在于充分利用空间，满足用户多样化的需求。在进行功能细分时，设计团队的首要任务是详细了解用户的生活方式、习惯以及空间的基本需求。这意味着设计团队需要与客户进行深入的沟通和了解，确保每个功能区域都能够贴合用户的实际需求。

其次，精细的区域划分应该体现出每个区域的独特性和明确的功能定位。例如，在一个居住空间中，可以将客厅划分为休闲区、娱乐区和阅读区，每个区域都有其特定的功能。在商业空间中，不同的区域可能包括陈列区、交易区和休息区。每个区域的划分需要基于具体的使用需求，通过功能细分使得整体空间更加适用于用户的日常活动。

再次，细致考虑细分区域之间的过渡和连接是确保整体布局流畅的关键。过渡区域的设计应考虑到人们在不同功能区域之间的流动，以及在过渡过程中的体验感受。这可能涉及合理的动线规划、过渡空间的装饰和家具的设置。通过巧妙设计，可以使不同功能区域之间的过渡变得自然而有趣，让居住者或使用者在空间中感受到舒适和便利。

最后，使整个空间形成有机而流畅的布局需要在设计中注重细节的处理。这包括家具的摆放、灯光的设计、装饰品的选择等。每个细分区域都应该有独特的元素，同时与整体空间相呼应，形成统一而富有层次感的室内设计。通过考虑每个区域的功能特性和使用需求，设计团队能够为用户打造出一个更具个性化和人性化的居住或工作环境。

在整个设计过程中，专业性是保证功能细分与区域划分成功实施的基础。设计团队需要对空间功能学、人机工程学等方面有深入的了解，结合实际需求进行细致的规划。同时，与客户的紧密沟通和充分了解用户需求，是保证设计方案贴近实际使用场景的重要手段。通过首先了解用户需求，其次进行功能细分和区域划分，再次考虑过渡与连接，最后通过细节的处理，设计团队能够创造出符合人们生活和工作习惯的精致空间。这种以用户为中心的设计理念不仅提高了空间的实用性，还营造出富有情感和品位的室内环境。

（二）光照与色彩的精致调配

首先，灯光设计的精细规划是室内设计中不可或缺的一环。在细节处理中，设计团队应深入了解不同区域和功能的照明需求，以确保光照效果能够完美契合空间的实际用途。首要任务是明确每个区域的功能，例如客厅、卧室、厨房等，然后根据不同功能的要求选择合适的灯具类型和照明强度。通过精细规划，可以在每个区域创造出独特的氛围，既满足功能性需求，又提升空间的美感。

其次，色彩搭配与调和是光照和色彩精致调配的关键。在深入研究色彩搭配理论的基础上，设计团队可以通过仔细挑选色彩，使其在不同光照条件下呈现最佳效果。首先考虑空间的整体设计风格和主题，然后选择与之相协调的色彩方案。在具体实践中，注重色彩的渐变和调和，可以通过灯光的亮度和色温的调整，使色彩在空间中呈现出自然而柔和的过渡效果。通过巧妙的色彩搭配，不仅能够烘托空间氛围，还能够影响人们的情绪和感知，创造出更为丰富的室内环境。

再次，结合自然光线和人工照明是实现光照与色彩精致调配的有效手段。通过合理的窗户设计和窗帘选择，可以使自然光线进入室内，与人工照明共同为空间创造出丰富的光影效果。设计团队可以选择可调光的灯具，结合智能照明系统，根据不同时间段和季节进行光照强度和色温的调整。这样的设计手法既有助于能源的有效利用，又能够确保在不同情境下创造出舒适的光影效果。

最后，在细节处理中，设计团队还需要考虑使用不同的光源类型，如暖色光和冷色光的搭配，以及特殊材质和纹理在光照下的表现。通过巧妙地运用不同光源，可以在空间中营造出层次感丰富、富有变化的光影效果。此外，还需关注光线的投射和反射，选择合适的灯具安装位置，使得光线能够有效地照亮需要突出的区域，同时通过反射产生柔和的环境光。

通过首先进行精细规划的灯光设计，其次考虑色彩的搭配与调和，再次结合自然光线和人工照明，最后在细节处理中注意光源类型和光线的投射反射等因素，设计团队能够实现光照与色彩的精致调配。这种综合型的设计手法既能够满足空间功能性需求，又能够提升空间的审美感和居住舒适度。这种精致的调配不仅体现了设计团队的专业性，也为用户创造出具有独特魅力的室内环境。

（三）定制化设计与细部处理

1. 定制家具与细部装饰品

考虑引入定制化家具和细部装饰品，以凸显设计的独特性。通过定制设计，满足客户对个性化和品质的追求，加强空间的整体美感。

2. 壁面处理与装饰细节

注重壁面处理和装饰细节，例如特殊材料的运用、造型设计的创新等。通过细部处理，提升空间的审美水平，使设计更具深度和质感。

二、材料与施工技术的选择

（一）材料的质感与可持续性

材料的选择是影响设计品质的关键因素之一，设计团队应当注重材料的质感和可持续性：

1. 耐久性和易维护性

选择具有良好耐久性和易维护性的材料，确保设计方案在长期使用中依然能够保持良好的状态。这涉及地板、墙面、家具等方方面面的材料选择。

2. 环保材料的优先考虑

在材料选择中优先考虑环保材料，符合可持续发展的理念。通过使用环保材料，设计团队既能为客户提供健康的室内环境，又能够降低对自然环境的影响。

（二）施工技术的创新与可行性

设计团队在选择施工技术时应考虑创新性和可行性的平衡。这包括：

1. 先进的施工工艺

考虑采用先进的施工工艺，提高工程的效率和质量。例如，3D打印技术、智能化施工等新技术的应用，可以为设计方案带来更多可能性。

2. 施工可行性的评估

在方案深化阶段，对施工可行性进行全面评估。考虑到工地条件、人力资源、时间计划等因素，确保设计方案在施工阶段能够顺利实施。

（三）成本控制与效果平衡

1. 材料成本与性能

平衡材料成本与性能，选择既符合预算要求又能满足设计效果的材料。通过精细的成本分析，确保在有限的预算内实现最佳的设计效果。

2. 施工工艺与工期

在施工工艺的选择中，考虑其对工期的影响。一方面，施工过程需要高效有序；另一方面，也要确保在保证质量的前提下不过分延长工期。

（四）技术创新与传统工艺结合

1. 采用数字化设计工具

引入数字化设计工具，如建模软件、虚拟现实等，可以提高设计的精度和效率。数字化设计工具的运用有助于更好地展示设计意图，减少沟通误差。

2. 传统工艺的保留和创新

在设计中保留并创新传统工艺，可以赋予空间更多文化内涵和历史感。结合现代设计理念，通过传统工艺的运用，打造具有独特魅力的室内环境。

第六节　施工图的制定和执行

一、精确的施工图

（一）概念转化为详细设计

精确的施工图是将概念和设计理念转化为可执行的详细设计的关键步骤。在这个过程中，设计团队需要注重以下方面：

1. 设计意图的准确传达

确保施工图能够准确传达设计意图，包括空间布局、家具摆放、材料选择等方面的设计细节。这要求设计团队在图纸上清晰标注和注释，使施工团队能够准确理解设计要求。

2. 尺寸和比例的准确性

精确的施工图需要确保尺寸和比例的准确性。设计团队应该使用专业的绘图工具和软件，以及标准的测量方法，保证图纸上的每一寸空间都能够精准地转化为实际施工中的尺寸。

（二）专业细部图的制定

1. 墙体和地面细部

制定详细的墙体和地面细部图，包括墙体连接、拐角处理、地面过渡等。这有助于施工团队在施工过程中确保细节处理的准确性，提高施工质量。

2. 家具和定制元素的细部

针对定制家具和其他设计元素，绘制专业的细部图。这要求对材料的连接方式、结构细节等有深入的了解，以确保定制元素能够按照设计要求制作和安装。

（三）深化图纸的标准化和规范化

1. 符号和标识的规范应用

采用标准的符号和标识，确保施工图的可读性和一致性。这有助于避免在施工过程中产生歧义，提高沟通效率。

2. 物料清单和规格的明确

在施工图中包含详细的物料清单和规格说明，包括材料的品牌、型号、颜色等信息。这有助于材料的准确采购和使用，防止在施工过程中出现不必要的问题。

二、与施工团队的紧密合作

（一）阶段性沟通与协作

1. 阶段性工程进度会议

定期组织阶段性的工程进度会议，设计团队与施工团队共同检查当前阶段的施工图，解决可能存在的问题，并确保施工方案符合设计意图。

2. 及时调整和优化

在施工过程中，可能会出现需要调整和优化的情况。设计团队需要与施工团队及时沟通，共同研究解决方案，确保施工的顺利进行。

（二）解决实际问题的能力

1. 现场问题的快速响应

设计团队应具备快速响应现场问题的能力。在实际施工中可能会遇到一些设计图上未能完全预料到的问题，设计团队要能够及时提供解决方案，避免工程延误。

2. 与施工团队的密切合作

密切合作有助于在实际施工中更好地理解设计意图，并根据现场的实际情况进行灵活调整。设计师和施工团队之间的沟通和协作应该是紧密的，以确保设计方案的顺利执行。

（三）现场管理和监督

1. 现场管理团队的协助

与施工团队协调，确保有专业的现场管理团队进行监督，这包括对施工进度、工艺流程、材料使用等方面的监控，以确保施工符合设计标准。

2. 质量控制和验收

建立质量控制机制，定期进行工程质量验收。设计团队与施工团队共同参与，确保工程的质量达到设计标准，并在发现问题时及时进行整改。

（四）变更管理

1. 变更申请的评估与审批

在施工过程中，可能会出现一些变更需求。设计团队需要与施工团队协商，评估变更对设计图的影响，并在需要时进行相应的图纸更新。变更的申请和审批过程应该是透明和高效的。

2. 控制变更对预算和进度的影响

变更可能对预算和进度产生影响，设计团队需要与施工团队共同控制变更的范围，以确保项目不会超过原定的预算和时间计划。

（五）沟通渠道的畅通

1. 定期施工会议

定期召开施工会议，设计团队与施工团队共同参与，及时沟通工程的进展、问题和解决方案，确保信息的传递和理解畅通无阻。

2. 实时沟通工具的应用

使用实时沟通工具，确保设计团队与施工团队之间的信息交流迅速高效。这包括项目管理软件、在线会议工具等。

第四章　室内设计的应用

第一节　住宅室内设计

一、住宅设计的要素

住宅设计的关键要素在于实现可持续发展，这需要与住宅所在地域的环境相协调，满足住户的需求，并在设计中体现一定的人文特征。设计的目标不仅是展现建筑材料的价值，延长建筑物的寿命，而且是为了更有效地利用材料资源，节约土地、水电等资源，控制生活成本。在这一过程中，节约能源、循环利用自然资源也是至关重要的。尽管我国资源总量庞大，但由于庞大的人口基数，人均资源相对有限。因此，有效地节省资源、减少浪费并提高资源利用率不仅符合我国国情，也对建筑行业的可持续发展具有积极意义。

（一）空间功能与人性化需求

住宅设计的核心在于创造一个令住户感到舒适和满足需求的空间。在实现可持续发展的同时，设计师需要通过深入了解家庭成员的生活习惯、文化背景、年龄和职业等因素，以打造更加个性化、符合人性化需求的居住环境。

1. 深入了解住户需求

在住宅设计的初期阶段，设计师首先需要深入了解住户的需求。这包括但不限于家庭成员的数量、年龄结构、职业特点、生活方式等。通过充分了解住户的个体差异，设计师可以为每个家庭成员创造出最合适的个人空间，满足他们的特殊需求。

2. 要考虑功能区域的合理分配

一个成功的住宅设计必须考虑到不同功能区域的合理分配，以确保整个空间得到充分利用。例如，生活区、工作区、娱乐区等需要根据家庭成员的生活方式和工作需求进行布局。在这个过程中，设计师需要平衡私密性和公共性的需求，为住户提供安静私密的休息空间，同时也要创造出适合社交和交流的公共空间。

3. 注重私密性与公共性的平衡

在考虑功能区域的合理分配时，设计师必须注重私密性与公共性的平衡。私密性是指个体在家庭空间中拥有独立、隐私的空间，而公共性强调家庭成员之间的交流和互动。在设计中，可以通过合理的空间划分、采用隔断、变化的层次等手段，实现这两者的平衡。例如，卧室、书房等私密空间可以相对独立，而客厅、餐厅等公共区域则更加开放。

深入了解住户需求、考虑功能区域的合理分配和平衡私密性与公共性，最终的目标是提高住户的生活质量。一个人性化的居住环境应当让居民在其中感到舒适、安全、愉悦。设计师可以通过选择合适的材质、合理的照明设计、人性化的家具布局等手段，创造出一个既实用又美观的居住空间。

（二）室内空间的审美与艺术

室内空间的设计不再局限于满足功能需求，更强调在审美和艺术上的体现。设计师通过对色彩、材质、家具等元素的巧妙运用，打破传统框架，创造出富有个性和独特韵味的室内环境。

1. 审美设计的原则

审美设计是室内空间设计中至关重要的一环。首先，设计师需要考虑整体色彩的搭配。通过选用合适的色彩方案，可以创造出不同的空间氛围。冷暖色调的巧妙组合、明暗对比的处理等都是影响审美感受的重要因素。其次，材质的选择和运用也是审美设计中的重点。不同的材质可以带来不同的质感和触感，通过巧妙搭配，设计师可以营造出独特的室内风格。最后，家具和装饰品的选用也是审美设计中需要考虑的关键点。设计师可以根据整体风格和主题，选择与之相呼应的家具和装饰品，形成统一的审美效果。

2. 实践方法的运用

在审美设计的实践中，设计师可以采用一系列方法来落实设计理念。首先，通过灯光设计来烘托空间氛围。不同的灯光可以营造出不同的空间情感，设计师可以根据功能区域和设计目的，选择合适的灯光设计方案。其次，利用空间布局和家具摆放来创造层次感。通过巧妙的空间分隔和家具布局，可以使整体空间更具层次感，让人在空间中产生不同的审美体验。最后，考虑墙面和地面的装饰性处理。墙面的挂画、装饰画等艺术品的搭配，以及地面的花砖、地毯等的选择，都可以为室内空间增添独特的艺术氛围。

3. 艺术品的巧妙搭配

艺术品的巧妙搭配是室内空间审美的亮点之一。首先，要考虑艺术品与整体风格的协调。不同的艺术品风格可以与室内空间形成有趣的对话，设计师需要根据整体风格和主题，选择合适的艺术品进行搭配。其次，艺术品的摆放位置也需要巧妙处理。可以选择突出位置来凸显艺术品的独特之处，也可以通过布局手法将多件艺术品融入整体空间，形成和谐的审美效果。最后，要注重艺术品的质感和造型。不同的材质和形态可以为室内空间带来更多层次感和趣味性，设计师需要通过深入挖掘艺术品的内涵，找到其与空间相契合的独特之处。

4.空间装饰性处理的重要性

空间装饰性处理是室内空间审美设计中不可忽视的一环。首先，要考虑空间布局的合理性。通过巧妙的空间划分和装饰处理，可以使整个空间更加有层次感和趣味性。其次，墙面和地面的装饰也是影响审美效果的关键因素。通过墙面的壁画、装饰画等元素的加入，以及地面的特色花砖、地毯等的选择，可以为室内空间增色不少。最后，要注重细节的处理。通过一些小巧的装饰品、摆件等，设计师可以在细节处展现审美的品位，让整个空间更具艺术氛围。

（三）专业技术的运用

在个性化空间设计中，设计师需要运用专业技术手段，包括虚拟现实技术、三维建模和智能家居系统等。这些技术的应用可以帮助住户更好地理解设计方案，提前体验空间效果，从而更好地参与设计过程，实现设计与实际使用的有机结合。

1.虚拟现实技术在个性化空间设计中的应用

虚拟现实技术是当代个性化空间设计中的重要工具。首先，通过VR技术，设计师可以创建虚拟的室内环境，让住户在未建成的空间中进行沉浸式体验。这种虚拟的空间漫游使住户能够更直观地感受到设计方案的细节和整体效果，从而更好地理解设计师的创意意图。其次，VR技术还可以实现实时互动，设计师和住户可以在虚拟空间中进行实时交流，共同讨论和调整设计方案。这种直观的互动方式有助于提高设计效率，确保设计最终符合住户的期望。最后，虚拟现实技术也可以用于模拟不同光照条件下的空间效果，帮助设计师优化光线布局，确保在不同时间和天气条件下，空间仍能保持理想的审美效果。

2.三维建模的应用与意义

三维建模是个性化空间设计中不可或缺的工具。首先，通过三维建模，设计师可以将平面图转化为更具立体感和逼真感的图像。这有助于住户更好地理解设计方案，使平面布局到空间体验的过渡更为自然。其次，三维建模技术使设计师能够更精准地呈现材质、光影和色彩等细节。住户可以在虚拟的三维空间中感受到不同材质的触感，以及光线对空间的影响，这为设计的精准性和真实性提供了有效支持。最后，三维建模技术还支持多角度观察，住户可以在不同角度下察看整个空间，更全面地了解设计方案，从而更好地参与到设计决策中。

3.智能家居系统的嵌入

智能家居系统的嵌入为个性化空间设计增添了更多可能性。首先，通过智能家居系统，住户可以实现对空间的智能化控制。灯光、窗帘、温度等可以通过智能设备进行集中管理，满足住户在不同场景下的需求。其次，智能家居系统可以与设计方案进行深度融合。设计师可以根据住户的生活习惯和喜好，定制智能场景，使空间更贴合住户的实际需求。最后，智能家居系统还可以实现远程监控和调整。住户可以通过手机或平板远程监测和调整空间设备，实现随时随地的智能控制，提升居住体验。

4. 多技术手段的协同作用

这些专业技术手段并非相互独立，而是可以协同作用的。首先，设计师可以通过三维建模创建虚拟空间，然后通过 VR 技术将其呈现给住户，实现更直观的体验。其次，智能家居系统可以在设计阶段嵌入，设计师可以根据智能化需求调整空间布局和功能设计。这种多技术手段的协同作用，不仅提升了设计的全面性和综合性，也更好地服务于住户的个性需求。

二、住宅设计的原则

（一）经济实用

1. 资源合理配置与协调

在住宅设计中，资源的合理配置与协调是确保设计和施工过程中国家资源利用率最大化的关键因素。在资源相对有限的情况下，设计师需要通过科学手段，如地质和气候分析，以确保在整个项目中资源得到充分的利用，从而实现资源的节约与控制目标。

地质分析可以帮助设计师更好地理解土地的特性，包括土壤质地、地形、地下水位等，以便在规划和设计阶段更有效地利用土地资源。此外，气候分析可以为建筑提供关键信息，例如最佳的朝向和通风方案，以最大程度地减少对能源和材料的需求。

通过科学的分析方法，设计团队可以避免浪费，确保每一份资源都得到充分利用。在项目的实施阶段，合理的施工计划和物资采购策略也是确保资源高效利用的关键。设计师可以与施工团队紧密合作，确保所选材料符合可持续性标准，从而减少不必要的资源浪费。

通过地质和气候分析等科学手段，以及在设计和施工中的协同合作，住宅设计可以最大限度地实现资源的节约与控制目标，为可持续性发展提供有益的贡献。这样的做法不仅有助于降低环境影响，还有助于提高住宅项目的整体效益。

2. 工程技术质量与资源兼顾

当前我国社会发展平稳，建筑行业在提高工程技术质量的同时，越来越关注资源的合理配置和环境保护。为了确保住宅设计既满足高品质生活需求，又兼顾资源利用与环保，设计师和工程技术人员需要采取科学的分析与管理方法。

在住宅设计阶段，科学的地质分析有助于充分了解土地特性，包括土壤质地、地形、地下水位等，为规划和设计提供基础数据。这有助于合理配置土地资源，确保建筑在地理环境中的最佳位置，提高设计的可持续性。

此外，工程技术人员需要在施工过程中注重材料的选择和使用效率。科学的施工计划和物资采购策略有助于减少浪费，确保所用材料符合可持续性标准。利用新型建筑技术和绿色建筑材料也是提高工程技术质量的途径之一，这有助于提高建筑的能效，减少资源的消耗。

通过科学分析和管理，建筑行业可以在提高工程技术质量的同时，更好地关注资源的合理配置和环保。这种综合考虑的方式有助于确保住宅设计在满足居民需求的同时，对环境造成的影响最小化，实现了工程技术质量与资源的兼顾。这也是建筑行业迈向可持续发展的重要步骤。

（二）统筹规划

1.绿色装配与智能化

随着信息时代的迅速发展，住宅设计正逐渐转向绿色装配、智能化与信息化的方向。在规划建筑物时，设计师应以统筹全局为基础，充分利用先进的建筑构造技术，以满足不断增长的环保要求和对资源的有效利用。

绿色装配是一种注重可持续性和环保的建筑方法，通过在设计和建造阶段采用可重复利用的构件与材料，以减少浪费和对自然资源的依赖。此外，通过使用虚拟现实技术和建筑信息模型（BIM）技术，设计师能够模拟完工项目，提前发现和解决可能存在的问题，确保设计在执行阶段的高效实施。

智能化和信息化的应用也成为现代住宅设计的重要方面。通过智能化系统，住宅可以更有效地管理能源消耗、提高安全性，甚至增强居住者的舒适度。智能家居系统的应用，例如智能照明、智能温控、智能安防等，使住宅更加智能便捷，同时提高能源利用效率。

因此，综合绿色装配、智能化和信息化的理念，设计师可以为住宅创造更加环保、智能的生活空间。这种综合应用不仅符合当代社会对可持续发展的要求，同时也提升了住宅设计的科技含量和用户体验。这表明未来的住宅设计将更加注重融合先进技术和可持续发展理念，以满足人们对生活品质不断提升的期望。

2.全过程管理与BIM技术

在进行规划设计之前，充分了解气候和地质情况是确保项目成功的关键步骤。设计师需要重视场地的自然环境，以最大程度地利用周围的资源和条件。

为了更好地实现全过程管理，建筑信息模型技术的应用变得至关重要。BIM技术不仅仅是一种设计工具，更是一种全方位的信息化管理手段。通过BIM技术，设计师能够在项目的不同阶段进行全面管理，包括设计、施工、验收以及维护。

在设计阶段，BIM技术能够帮助设计师更好地理解场地的气候和地质特征，为设计提供科学依据。在施工阶段，BIM技术可以巧妙规避工程设计与施工问题，通过实时协作和信息共享，提高工程的执行效率和准确性。在验收和维护阶段，BIM技术能够提供详细的建筑信息，使运营和维护人员更好地了解建筑结构与设备的状态，从而进行及时的维护和管理。

BIM技术在全过程管理中发挥了关键作用，使设计、施工和维护等各个环节得以高效协同。通过BIM技术的全方位信息化管理，建筑项目能够更好地适应当地环境，实现设计理念的精准实施，提高建筑质量和效益。这也符合当前建筑行业追求智能化、信息化和可持续性发展的趋势。

（三）天人合一

1. 可持续性与合理性

住宅设计的核心理念应当体现天人合一的原则，追求人与自然的和谐共处。这意味着建筑物的内部和外部空间应当与周围环境相协调，实现可持续性与合理性的统一。在这一理念的指导下，通过绿色设计的实践，可以推动社会的进步，同时提升住户的环保意识和人文素质。

可持续性在住宅设计中是至关重要的。它不仅关注建筑本身的环保性，还包括建筑与自然环境的融合。采用可再生能源、节能材料以及环保工艺，是实现可持续性的关键步骤。通过合理的布局和设计，最大限度地减少能源消耗，达到对环境友好的设计目标。

合理性则强调在设计和建造中充分考虑当地的气候、地质、文化等因素，使建筑更好地融入周围环境。合理性的设计不仅能够提高建筑的适用性和舒适度，还有助于保护自然资源，减少浪费。

绿色设计理念的实践将推动社会朝着更可持续的方向发展。通过倡导环保意识，设计师可以引导住户更加注重生态平衡，从而形成更加可持续和谐的社会生活方式。这也符合当前社会对于环保、可持续性和人文关怀的追求，使住宅设计成为社会进步的引领者。

2. 绿色建筑与传统文化融合

绿色建筑设计与我国传统文化中的天人合一理念紧密契合，共同推动社会的发展与繁荣。这一理念强调人与自然的和谐共处，通过将环保、可持续性的理念融入建筑设计中，创造更加宜居的环境，促使住户更加舒心地生活。

在绿色建筑中，注重利用可再生能源、采用环保材料和推崇节约用水的设计，都与我国传统文化中追求天人合一的理念相契合。通过绿色建筑的实践，人们能够更加直观地感受到自身与周围空间的共鸣关系，从而培养出更强烈的保护自然环境的意愿。

这种绿色建筑与传统文化的融合，不仅在建筑外观和结构上有所体现，更在人居体验和精神感受上发挥作用。住户在这样的建筑环境中，更容易产生对自然的敬畏之情，形成一种与自然和谐相处的生活方式。

因此，将绿色建筑与传统文化融合，不仅有助于提升建筑的环保性和可持续性，也为社会创造了更加宜居、健康、有温度的生活空间。这种融合不仅仅是建筑设计的问题，更是对于人与自然关系的深层思考，为社会的可持续发展提供了有益的启示。

（四）以人为本

1. 绿色发展与可持续发展

（1）绿色发展的背景和意义

绿色发展是社会可持续发展的基本追求，贯穿于各行各业，尤其在建筑行业，被视为提质升级的关键任务。住宅设计作为建筑行业中至关重要的一环，应当以人为本原则为核心，致力于创造更为舒适的住宅环境，以满足居民的居住需求，同时积极促进社会的全面发展。

（2）以人为本的绿色住宅设计

以人为本的原则在绿色住宅设计中占据重要地位。通过深入了解居民的需求和生活方式，设计师能够更好地整合环境、资源和科技，创造出更符合人体工程学和心理学原理的住宅空间；注重居住者的舒适感、健康感和安全感，使设计更贴近人性，实现住宅设计的绿色可持续发展。

（3）社会发展的推动力

以人为本的住宅设计不仅仅关乎个体的舒适体验，更是社会发展的推动力。满足人们对于居住环境的需求，提升其居住品质，有助于增强社会凝聚力，促进社区的和谐发展。通过科学合理的住宅设计，社会将迎来更为可持续的发展模式。

2. 质量至上

（1）建筑业的质量导向

随着社会的不断发展，建筑业正由过去的数量导向逐渐转变为质量导向。在这一转变的进程中，住宅设计应当更加突出人的地位，将人的需求和体验放在设计的核心位置。通过倡导绿色理念，住宅设计可引领质量至上的行业潮流。

（2）人的地位与绿色理念的融合

以人为本的住宅设计必然与绿色理念紧密融合。将人的地位放在设计的中心，即是以人的需求和体验为出发点，通过绿色技术和材料的应用，创造出更为环保、健康、高品质的居住空间。

（3）社会意义的实现

将住宅设计的重心转向质量至上，不仅能够满足人们对于舒适生活的追求，更能够在社会层面产生积极的意义。高质量的住宅设计有助于提升城市形象，推动建筑业的可持续发展，为社会创造更为宜居的居住环境。

通过将绿色发展和质量至上原则相结合，住宅设计将更好地服务于社会全面发展的大局，推动建筑行业实现更为可持续的繁荣。

三、住宅设计中的可持续发展理念的应用

（一）规划设计

住宅规划的时候，充分融合绿色建筑理念，工程设计前，需要设计师进入作业现场，对现场展开全面勘察与检测，了解工程现场情况。设计师需要做好现场各种数据与信息的搜集工作，以此为基础，分析并评估住宅现场环境情况。规划设计的时候，将保障居民生活质量作为切入点，应最大化保护住宅周边环境。设计师在对住宅规划中，应当贯彻绿色设计理念，做好工程环境问题的综合考虑，合理设计住宅朝向、层数和规模，要发挥场地的优势，解决通风、采光问题。住宅生态构成包含人工生态与自然生态两个部分。其中人

工生态说的是人工制造的绿化环境，自然生态说的是各种天然的植被、水体以及阳光。在规划设计住宅的时候，应当以满足基本功能与要求为基础，充分满足住宅生态需要，这样才能实现可持续理念，以及理念的深化和延续。不论是城市还是农村，在规划设计住宅的时候都应该充分考虑生态要求，这是未来住宅设计构思的着重考虑点。

（二）采光设计

对于住宅的设计来说，采光设计属于很重要的步骤，尤其是北方地区住宅，更要着重考虑采光需求，进而减少取暖所消耗的能源。不同地区因为日照条件、地势条件不同，所以需要在综合考虑后，调整住宅的格局、朝向，这样才能满足采光需要。同一栋楼的不同房间，其日照强度与光照时间差异是完全不同的。为了在住宅的采光设计中，使用绿色设计理念，达成可持续发展追求，需要设计人员依靠现代设备与手段，对当地的光照特征展开充分分析，使用计算机技术，确定与模拟住宅和周围环境的关系。有了足够的模拟数据，就能调整采光方案，为住宅采光和日照提供科学的依据。在设计住宅阳台时候，有必要融入阳光房的理念，做好窗台高度控制，确保能够有更多阳光进入室内。住宅的阳台还可以靠调整玻璃折射角的方式提高光线引入能力。为了应对玻璃冬季保温和隔热需要，使用多层玻璃是很好的办法。门窗型材当前一般会用到断桥处理手段，配备遮光窗帘，减少阳光折射，提高冬季室内保温效果。

（三）通风设计

绿色设计符合可持续发展理念追求，住宅的通风应当采用绿色设计方式，合理使用各种自然风。依靠自然风辅助或替代空调与风扇，这样就不需要一直开风扇和空调，节省了电气使用率与电能，不会像过去一样铺张浪费。在设计住宅的时候，设计人员应全面考察住宅所在地的气候条件、季节情况，并做好分析，利用分析得到的结果，合理设计住宅的室内距离、角度与格局，要保障全年住宅都有良好的通风效果。夏天一般会比较热，设计人员要运用绿色理念的指导，做好季节风向的引导，使用通风走廊一类的方式，提高住宅内的通风量和通风面积，如图 4-1 所示。

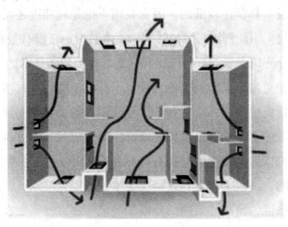

图 4-1 住宅通风

图 4-1 中的住宅到了冬天的时候，因为气候寒冷，所以住宅通风要控制好自然风的直吹问题，不要让自然风直接吹到室内，这样室内就不会太冷，不需要浪费能源开空调取暖。合理设计住宅的通风，就能控制能源使用量，达到节能减排目标。

（四）节能节材设计

传统的住宅施工会用到大量的建筑材料、水资源和电资源，并且施工中还会有比较大的噪声与扬尘。资源的浪费不仅会增加工程成本，同时也会对行业的可持续发展造成不利影响。为了推进住宅设计的绿色、可持续化发展，需要设计者充分利用现代工程技术，如装配式建筑设计理念，将其应用于建筑设计。使用工业化的生产方式，生产出各个建筑物部件。工业化生产方式可以有效控制所有建筑物构件的质量和规格，在工业化生产中，产品损耗能够降至最低，节省大量资源。此外，工厂生产完构件以后，构件被送到施工现场，在现场组装的方式不会对施工现场造成大量污染，并保障了施工效率。节能设计中，可持续理念还要用于住宅的屋面和外墙当中，尤其是住宅保温系统。屋面、外墙保温系统中的优化设计，能够减少诸如空调一类的采暖设备的使用，实现节约能源的目的。在高层住宅的设计中，梁柱、屋面以及外墙都是重点设计对象，是节能考虑的重要目标，应着重设计与处理，追求节能目标。因为高层建筑物有着比较高的楼层，在压力和风力作用下，高楼层住户有时候会受到风力过大的影响。传统建筑物中，门窗一般没有很好的密闭性，属于节能短板。在设计中，应当使用具有节能效果的门窗，断桥铝三层玻璃窗是很好的选择，这种窗户有着很高的安全系数与密闭性，并且隔热性、导热性、隔音效果也很突出。三层玻璃看起来使用了大量资源，从实际使用效益来看，却是高效、节能且环保的技术。

设计人员必须充分考虑门窗绝热性、材质、朝向，保障气密性和隔热、导热效果，才能让室内保持恒温，提高居民的居住舒适性。当前建筑行业，节约能源已经成了主题和先行者，其构成主要有运行维护成本的节约、施工成本的节约、能源的节约等。为了节能节材，有必要重视各种可再生能源与清洁能源的使用。通过高效照明以及低能耗建材，达成可持续发展目标。设计建筑的时候，利用太阳能有很好的效果，不论是初期投资还是后期维护，太阳能的投入成本都是比较低的。因为我国不论是经纬度还是海拔乃至国土面积都决定了我国有着丰富的太阳能资源。国内除了云、贵、川一带没有很充足的太阳辐射之外，其他地区大多都能充分使用太阳能进行降温和采暖。在太阳能技术的使用中，附加日光间、集热蓄热墙以及直接受益窗是操作最方便且技术十分简单的几项技术，它们在建筑中的使用不仅见效快，同时投资也很少，故得到了广泛使用。附加日光间通常需要在房间的南向阳台设置，使用夏季散热、冬季保温手段，就能将其变成具有温度调节能力的房间。集热蓄热墙配备夏季排气口以后，就能同时拥有降温和采暖的功效。一般来说，集热蓄热墙是用普通外墙改造而成的，该改造方案有效解决了室内的温差波动，常被用于卧室这类高频率使用的房间。通常来说，窗户如果用的是镀膜玻璃，那么就需要在内部填充足量的惰性气体，这样窗户的保温效果就能达到半米至一米半的实心砖墙效果。设计室内构造的时候，要充分考虑天然采光与自然通风，要保障风路畅通，室内家具、墙体的设计，颜色和材质的考虑很重要。

四、居住空间设计案例赏析

在度假小区客厅设计方案中，设计团队通常会注重营造轻松、舒适、自然的氛围，以迎合度假胜地的休闲氛围。

（一）度假别墅设计理念

度假别墅的设计要有整体性的观念，要和普通的别墅有区别。普通的别墅一般是倾向于生活功能，所以要根据功能的丰富性和便利性进行设计。但是对于度假别墅来说，大家要求的是更加的宽敞、更加的舒适（图4-2），这样才能够做到身心更加的放松，所以说在设计度假别墅的时候，起码的要求就是它的面积要比较大，单说客厅面积就应该在100平方米左右，所以说它是一种大开间的气派场面。

图4-2 度假别墅案例图（一）

（二）度假别墅设计要点

1. 别墅大客厅色彩

背阴的客厅忌用一些沉闷的色调。由于受窖的局限，异类的色块会破坏整体的柔和与温馨，宜选用白桦饰面或枫木饰面哑光漆家具，浅米黄色丝光釉面砖，墙面采用浅蓝色，能突破暖色的沉闷，较好地起到调节光线的作用。

再就是尽可能地增大活动空间。厅内摆放现成家具会产生一些死角，并破坏色调整体搭配。解决这一矛盾并不难，应根据客厅的具体情况，设计出合适的家具，靠墙展示柜及电视柜也量身定做，节约每一寸空间，这在视觉上保持了清爽的感觉，自然显得亮堂。另外，若客厅留有暖气位置，可依墙设计展示柜，既可充分利用死角，保持统一的基调，还为展示个人文化品位打开了一个窗口。

2. 别墅客厅尺寸

别墅客厅不需要我们将它扩大，变得非常宽阔，变得非常奢华，而是需要我们把它变得更加温馨，一切以舒适度为主要指标。一般别墅客厅尺寸对家庭来说就够了，除非是要用于其他途径。但是，如果我们注重的不是舒适度而是其他的，那么这样的别墅住起来尤其是在客厅的时候会觉得不一样，有些别扭，而注重舒适度的客厅别墅设计就不一样了。（图 4-3）

3. 别墅客厅设计

根据理气的原理，清气轻而上浮，浊气重而下降，因此有天清地浊的说法。为符合天清地浊的原理，在装饰客厅的时候，天花板不论使用何种材料，都务必比地板和墙壁的颜色浅，否则会给人一种头重脚轻的压迫感，久住不宜。同时，厅内应避免梁的障碍，可顺应其结构将其改造装饰成各类美丽的造型。如传统式拱门，天花板的延伸、绘花等，也可干脆分成两个区域。客厅空气要流通，保证进门玄关区、宅心、窗口空气的流畅，保持清新的生活环境，即三气有主。

图 4-3　度假别墅案例图（二）

4.别墅的摆设

（1）摆设

主要起充实空间、弥补立面空白及塑造景观的作用。得体适宜的摆设，不仅能提高环境品位，还能起到丰富空间层次和增添温馨气氛的作用。（图4-4）

图4-4　度假别墅案例图（三）

（2）钢琴

目前，拥有钢琴的家庭逐渐增多，练琴成为陶冶艺术情操、培育儿童智能的一项高层次教育内容。其设置位置以单独的练琴室为佳。如不具备条件，宜在客厅前、后位或餐厅与客厅的过渡部位设置独立区划比较理想。

第二节　商业室内设计

商业建筑及其室内外设计与装饰，是城市公共建筑中量最大、面最广，涉及千家万户居民日常生活的建筑类型，它从一个重要的侧面反映城市的物质经济生活和精神文化风貌，是城市社会经济的窗口。市场机制的引入，使我国商品经济的发展充满活力，社会经济体制和市场本身也都有了深刻的变化。购物已成为人们日常生活中不可缺少的内容，消费者根据自己的需求和意愿，在适应不同购物行为的各类商业建筑中浏览、审视和选购商品，达到购物的目的。

一、商业空间展示

现代商业空间的展示手法各种各样，展示形式也不定向化。动态展示是现代展示中备受青睐的展示形式，它有别于陈旧的静态展示，采用活动式、操作式、互动式等，观众不但可以触摸展品，操作展品，制作标本和模型，更重要的是可以与展品互动，可以更加直接地了解产品的功能和特点。动态展示能调动参观者的积极参与意识，使展示活动更丰富多彩，取得好的效果。目前动态展示普遍运用于大型固定展示空间，如展览馆、博物馆。

（一）人物的流动

在商场卖场的布局中，顾客通道的设计对于顾客的合理流动产生直接影响。目前通常采用以下几种通道设计形式：

1. 直线式（格子式）

所有柜台设备呈直角排列，形成曲径通道。这种布局形式简洁，方便管理，但可能导致顾客流通路径单一，视觉体验相对较为单调。

2. 斜线式

该设计形式让柜台设备呈斜线排列，使顾客能够随意浏览。这种布局优势在于活跃气氛，顾客能够更自由地发现商品，增加购买机会，使整体购物体验更加丰富。

3. 自由滚动式

这种设计形式根据商品和设备特点形成不同的组合，没有固定或专设的布局形式。例如，利用店面过道设置较松散的立体广告物，或在电梯和走廊等顾客流通地设置动态的POP广告。此外，还可以在这些区域安排形象小姐或活人装扮成可爱的动物，与顾客进行互动。通过这些动态展示，创造更具吸引力的购物环境。

上述通道设计形式的选择取决于商场卖场的特点以及目标顾客群体的需求。在实际应用中，可以根据商品陈列、空间利用等因素，灵活地组合这些通道设计形式，以最大程度地促进顾客的流动和满足顾客购物体验。

（二）展品的流动

通过有效利用展品本身的物理和化学特性，使其具备运动能力，为展览活动注入更多创意和吸引力。

1. 汽车展示的创新

在汽车展示中，突破传统的静态展示方式，可以将汽车放置在仿真的公路上，举办车队竞赛或游行。例如，日产风神轿车在中国市场推出时，通过举办"风神—升油城市拉力赛"，展示了汽车的燃油效能。这种方式吸引了各地消费者和试驾司机的关注，同时有效地展示了汽车的行驶特性。

2. 动态展架的运用

使用特殊的动态展架，让商品能够有规律地运动和旋转，通过巧妙的灯光照明变化，创造出静止物体动态化的效果。通过这种方式，展品可以更生动地呈现，吸引观众的目光，增加展览的互动性。

3. 动态特征的增加

对于原本没有流动特性的展品，可以通过一些技术手段增加其流动特征。这包括在展品表面应用动态结构的字体、利用灯光变换、增加流动的元素等，使得观众在欣赏展品时产生一种动态感。

这样的展示方式不仅能够突破传统，增加观众的兴趣，还能更直观地展示展品的特色和功能。通过创新的展示手段，展览活动能够更好地吸引观众，达到更好的宣传效果。

（三）展具的流动

通过自动装置使展品呈现运动状态，可以大幅提升展览的吸引力和趣味性。以下是一些常见的运动展具形式：

1. 旋转台

设有电动机的旋转台，可用于展示各种展品，如汽车、饰品、珠宝、手机、电脑等。大的旋转台使观众可以全方位观看展品，无论站在何位置，都能均等地享受观赏体验，提高展具的利用率。

2. 旋转架

旋转架主要在纵面上进行转动，适用于充分利用高层空间。这种形式可以使观众更好地欣赏高度展示的展品，增强展览空间的利用效果。

3. 电动模型

通过电动模型展示各种具有动感的场景，如穿越山洞的火车、跨越大桥的汽车、发射升空的火箭等。这种形式通过小型的动态展示，营造出活跃的气氛，提高观众的观感和乐趣。

4. 机器人服务员

利用机器人进行动态展示和与观众互动。机器人可以通过转动、行走、说话等方式，为观众提供简单的服务，增加展览的趣味性。

5. 半景画和全景画

为了真实的空间感和事发状态，可以在实物后面绘制立体感强的画面或利用高科技大屏幕投影等手段，并装上一个假远景。这种方式创造出真实的空间层次感，结合电动模型、灯光和音响效果，产生舞台效果，使观众感觉仿佛身临其境。

这些运动展具形式的应用，不仅能够吸引观众的注意力，提高展览的互动性，还能使展示更为生动、有趣，从而更好地传递展品的信息和特色。

（四）空间流动

空间流动可以分为虚拟的和现实的两类。虚拟的空间流动通过高新技术和影像等手段，创造出一种在空间中穿梭的感觉，使人仿佛在虚拟的环境中漫游。这种形式通过技术手段的创新，为展览提供了更为生动和沉浸式的体验。

与此同时，现实的空间流动则体现在实际的物理空间变化中。例如，整个展厅的旋转或广告宣传车在城市间四处宣传，这些实际的空间流动使得展品更贴近观众，为产品提供更广泛的宣传机会。这种形式能够吸引更多的目光，使得展览活动更具吸引力和互动性。

现代的展示陈列不再囿于过去单一的产品展示，而是朝着人性化空间的方向发展。一个完整的展示空间应包括商品空间（如柜台、橱窗、货架、平台等）、服务空间和顾客空间。在整个展示空间中，设计应充分调动各种因素，通过独特的造型设计、创新的色彩、照明和装饰手法，力求在外观上有独特之处。在布置方式上，展示陈列应当更加生活化、人性化、现场化，引导观众更深入地体验展品。

在参观方式上，可以鼓励观众动手操作，积极参与活动，形成互动。此外，可以在展区内设置招待厅、休息室，提供灵活多样的服务，如赠送小礼品、发送宣传手册等，以使整个展示空间和过程更加完整，让人感受到的不仅是商品展示，更是一种愉悦和享受。这种综合性的展示方式有助于吸引观众的兴趣，提升展览的效果和吸引力。

二、店堂与橱窗

商业建筑的外观，即建筑物的形体和立面，是在建筑设计阶段根据规划整体的布局要求，建筑物所在地区、地段的位置和文脉特点，商店左邻右舍的环境状况，以及商业建筑具体的行业与经营特色等因素设计确定的。商店的立面设计和装修可以由建筑设计完成，也可以由后续的室内设计和建筑装饰完成，但室内设计和建筑装饰应充分了解建筑物的整体功能、结构构成和风格特色，应尽可能理解原有建筑设计的意图，使建筑立面及外装饰与整体风格相协调。一些改建或原有建筑设计有不足之处的，也可以通过外装饰设计予以调整和改善。

（一）招牌设计

商店招牌是店面形象的一部分，它通过醒目的店名展示和商品销售，吸引顾客的注意力。在繁华的商业区，商店招牌是顾客首先注意到的元素之一，因此其设计需要具备高度概括力和强烈吸引力，以产生积极的视觉和心理影响。

1.形式设计

商店招牌的形式设计至关重要，涉及位置和布局的选择。在布局方面，有几种常见的形式，它们在吸引顾客视线、传递信息方面各具优势。

平行放置是一种常见的布局方式，即将招牌设置在店面正上方。这种设计使得顾客在远处就能轻松发现店铺的存在，提高了品牌的可见性。这种位置通常适用于交通繁忙的商业区，能够在行人和车流中都起到引导作用。

垂直放置是另一种选择，即将招牌设计为垂直立于店面的侧面。这样的布局使得招牌更容易在狭窄的街道或者有限的店面空间中脱颖而出。它适用于需要在有限的空间内吸引过往行人的情境，使招牌更为显眼。

纵横放置是一种多方向悬挂的设计，可以同时出现在店面的正面和侧面墙上。这种灵活的形式适用于交叉路口等多方向都需要引起注意的场景。它不仅提高了店铺在各个方向上的曝光度，也为顾客提供了更多的发现机会。

形式设计的选择需要根据店铺的地理位置、周边环境以及目标受众来合理决策。无论采用哪种形式，都应该确保在各种条件下都能够达到最佳的视觉效果，吸引潜在顾客的关注。

2. 招牌造型

招牌的造型在展示店铺形象方面具有重要作用。独特的人物或动物造型是一种常见的设计选择，因为它能够为店铺注入趣味性，更好地吸引潜在消费者。通过选择与店铺经营内容相关的人物或动物形象，招牌不仅仅成为标识，更是对店铺经营风格的生动表达。

采用人物或动物造型的招牌具有明显的优势，能够在远处就传递店铺的类型和特色。这种形式的设计不仅让店铺在视觉上更为突出，也为顾客提供了一种愉悦的购物体验。人物或动物的形象往往更容易引起人们的共鸣，使店铺在众多商家中脱颖而出。

在选择招牌造型时，需要考虑店铺的经营特点、目标受众以及周围环境。通过巧妙运用人物或动物的形象，不仅能够形成独特的品牌形象，还能够吸引更多的关注，使得店铺更具有辨识度和记忆度。因此，招牌的造型设计是提升店铺整体形象和吸引顾客的关键一环。

3. 招牌光照

在夜幕降临时，招牌的光照成为店铺吸引顾客目光的关键元素。特别是在霓虹灯和日光灯的照耀下，招牌能够呈现出明亮而醒目的效果，显著提高了店铺的可见性。这种设计不仅仅是为了增加可视性，更是为了营造一种热烈、愉悦的氛围。

夜间的招牌光照具有吸引消费者眼球的功能，使店铺在城市夜空中脱颖而出。通过巧妙设计的霓虹灯和日光灯，招牌能够展现出生动的灯光变幻和闪烁效果，创造出动态的氛围感。这种动感使得店铺更具活力，增加了吸引顾客的魅力。

光照设计的巧妙之处在于创造出一种视觉上的动态感，使招牌在夜间不仅仅是一种标识，更是城市夜空中的一颗璀璨明星。通过充分利用灯光的变化和亮度，店铺能够吸引更多的关注，成为夜晚城市中不可忽视的存在。因此，招牌的光照设计成为店铺夜间营销的重要策略之一。

4. 内容设计

招牌的内容设计至关重要，它需要简洁而突出，使广告信息一目了然，容易为消费者记住。简明扼要的广告信息具有更强的传达效果，能够迅速传递店铺的特点和优势。

在内容设计中，关键是确保信息的简洁性，以便顾客在短时间内获取核心信息。这包括店名、主打产品或服务，以及突出的特色或优势。通过精心挑选和设计文字，使其简练而具有吸引力，有助于顾客对店铺形成快速而深刻的印象。

招牌的内容设计需要注重表达店铺的独特之处，凸显其品牌形象。通过巧妙选择文字和标语，使店铺在瞬间传递出独有的特色，引起顾客的兴趣和好奇心。这不仅能够吸引潜在顾客，还有助于建立品牌认知度和记忆点。

内容设计的目标是简洁、醒目、易记。通过在招牌上呈现出独特而有吸引力的信息，店铺能够在激烈的市场竞争中脱颖而出，为品牌营销打下坚实的基础。

5. 颜色设计

颜色在招牌设计中扮演着关键的角色，其选择对于引起顾客的视觉冲击至关重要。醒目明亮的色彩有着强烈的吸引力，典型如红、黄、绿等色调，它们能够更好地吸引顾客的目光，使店铺在繁忙的商业环境中脱颖而出。

在颜色设计中，除了注重颜色的明亮度外，还需要考虑色彩的搭配。合理的搭配可以增加整体设计的协调性，更好地体现店铺的品牌形象。颜色的选择也需结合店铺所在的行业特征和目标消费群体进行，以确保色彩的表达符合店铺的定位和氛围。

不同行业和品牌通常对颜色有着独特的标识性。例如，快餐行业常采用红色，代表活力和食欲；高档品牌可能选择金色或银色，体现品质和奢华。因此，在招牌颜色的选择中，要充分考虑行业特征，使其与店铺的经营理念相符合。

总体而言，颜色设计是招牌设计中不可忽视的一环。通过巧妙选择和搭配色彩，店铺能够在竞争激烈的市场中更好地凸显自己的特色，吸引潜在顾客的目光，从而提升品牌知名度和竞争力。

6. 注意事项

（1）位置和造型设计

商店招牌的位置和造型设计是影响其视觉效果的关键因素。首先，要根据店铺的具体情况选择合适的位置，确保招牌能够在目标顾客群体中引起注意。在这方面，考虑店面的地理位置、周边环境和行业竞争情况是至关重要的。

其次，招牌的造型设计应与店铺形象相呼应。通过独特而富有创意的造型，可以更好地吸引消费者的眼球。例如，一些店铺选择采用有趣的人物或动物造型，以营造轻松愉快的氛围。但也需要注意不要过于复杂，以免影响整体美感和识别度。

（2）色彩设计

在商店招牌的色彩设计中，要坚持温馨明亮、醒目突出的原则。首先，颜色选择应与店铺的定位和行业特性相协调。温暖的色调通常能够传达亲近感，而明亮醒目的颜色更容易引起顾客的注意。

此外，要考虑到招牌在不同距离和光照条件下的可见性。在白天和夜晚，招牌的颜色表现可能会有所不同，因此需要选择能够在各种环境下都保持鲜明和清晰的色彩搭配。

（3）情感设计

商店招牌的设计应该融入对顾客忠诚的情感，以建立品牌认同感。首先，要了解目标顾客群体的喜好和价值观,通过招牌传递出与他们共鸣的情感信息。这可以通过文字、图案、颜色等元素的设计来实现。

其次,情感设计也包括对品牌故事的呈现。通过招牌传达品牌的历史、文化和核心价值,使顾客在看到招牌时能够建立起对品牌的信任和好感。这有助于形成持久的顾客忠诚度。

通过合理的位置和造型设计、巧妙的色彩搭配以及情感化的元素加入,商店招牌可以更好地吸引顾客,传递出积极的品牌形象,为店铺在激烈的市场竞争中脱颖而出提供有效的支持。

(二)店门设计

显而易见,店门的作用是诱导人们的视线,并产生兴趣,激发人们想进去看一看的参与意识。怎么进去,从哪进去,就需要正确地导入,告诉顾客,使顾客一目了然。在店面设计中,顾客进出门的设计是重要一环。

1. 店门设计的左右

店门设计在整个店面布局中起着关键的导向作用,直接影响着顾客的第一印象和对店铺的感知。正确的店门设计不仅能够引导顾客进入店内,还能够激发顾客的兴趣和探索欲望。以下是店门设计的一些建议和注意事项。

店门的位置对于引导人流和提升店铺形象至关重要。一般来说,大型商场可以将大门设置在中央,而小型商店则应根据具体人流情况选择合适的位置。在选择左侧或右侧进出口时,需要考虑店内实际使用面积和顾客的自由流通,确保布局合理。

2. 店门的造型设计

店门的造型设计需要注重开放性,避免给顾客带来幽闭或阴暗的感觉。明快、通畅、呼应整体店面效果的门廊设计是理想的选择。店门的外观形象还受到周围环境的影响,需考虑门前路面的平坦状况、是否有隔挡物体、采光条件、噪声影响以及阳光照射方位等因素。

在材料的选择上,传统上使用硬质木材,也可以考虑采用铝合金等现代感强、轻盈、耐用的材料。无边框的整体玻璃门透光性好,造型华丽,常用于高档的商店,如首饰店、电器店、时装店和化妆品店等,有利于提升整体品牌形象。

3. 店门的色彩设计

店门的色彩设计对商店的形象和顾客的购物体验具有重要的影响。在店门设计中,需要综合考虑陈列色彩、灯光、陈列背景的色彩,以及季节的色彩变化。不同的季节和气候条件会影响顾客的购买情绪,因此商店的色调应当与季节相协调,以刺激顾客的购物欲望。

首先,店门的色彩需要考虑铺面的调性,根据顾客的喜好选择合适的颜色。例如,在以女顾客为主的化妆品商店,可以采用弱的、柔和的浅粉红色、藤色、淡青色、银灰色为主调,避免使用大红色、紫色等颜色。对于书店等以知识阶层为对象的商店,宜采用象征智慧的青色、淡绿色、灰色等冷色调,同时适当搭配鲜明的颜色。此外,需要确保店铺色彩与商品色彩相协调,形成整体的和谐感。

其次，店内的色彩也需要精心设计，包括天井、墙壁、柱子、窗户等的颜色，以及墙面、桌椅、地板等的颜色。这些颜色要与陈列商品相协调，创造肃静的氛围，使商品更为突出。商店的天棚、墙壁、柱子等可以使用顾客喜爱的基本颜色，经常变换颜色可使顾客感到店铺富有变化。

最后，商品集团的色彩也需要强调，统一表示商品的集团特性。在商品种类繁多的商店中，要保持颜色和形状的统一，将相同颜色和光泽度的商品放在一起，使整个陈列更有秩序感。相反，在商品种类较少的商店中，可以通过颜色和形状的对比，或者使用相反颜色的小道具，达到突出商品丰富程度的效果。

通过综合考虑这些因素，店门的色彩设计可以更好地引导顾客的视线，创造出适合购物的氛围，提升店铺形象。

（三）橱窗设计

在现代商业活动中，橱窗既是一种重要的广告形式，也是装饰商店店面的重要手段。一个构思新颖、主题鲜明、风格独特、手法脱俗、装饰美观、色调和谐的商店橱窗，与整个商店建筑结构和内外环境构成的立体画面，能起美化商店和市容的作用。

1.橱窗设计的内容

橱窗设计是一个融合创意、技术和空间规划的复杂领域，其内容包括多个方面的设计要素。首先，橱窗设计的文本部分涵盖了设计师创意的设想过程，通常依赖设计师的逻辑思维和经验，通过研究领域内的设计方法来展开创意。这个阶段涉及橱窗设计的思维过程和设计师的专业知识。

其次，橱窗设计的技术性设计包括了结构设计、物理设计（声学设计、光学设计、热学设计）、设备设计（给排水设计、供暖设计、通风设计、空调设计、电气设计）等方面。这一部分关注设计的具体执行和实施，确保橱窗在物理、技术层面上的功能和效果。

在橱窗设计中，还需要考虑外部空间的规划，这可能扩大到都市计划、都市设计、腹地计划和景观设计等领域。这一方面关注橱窗在整体环境中的位置和融入程度，使其成为城市或场地设计的一部分。

内部空间的设计是橱窗设计的另一重要方面，包括合理的空间规划和室内装修计划。这确保了橱窗内部的布局和装饰与整体设计风格相一致，创造出令人愉悦的购物环境。

最后，综合的设计考虑了多个领域，包括标识设计、橱窗物亮化设计、艺术设计、安防设计、停车管理设计等。这种综合设计使橱窗成为一个综合体验，不仅吸引顾客的眼球，还考虑到安全、便利等因素。

早期的橱窗设计是一个跨学科的领域，涉及雕塑、工学、建筑学、符号学以及神学或神秘学等多个领域。橱窗设计师被当作智者或哲学家，其崇高地位一直延续至近代，随着对橱窗设计的专业化和细分，才开始有各种专业的分工。这显示了橱窗设计的复杂性和多样性。

2. 橱窗的表现手法

橱窗设计采用多种表现手法，以吸引消费者的注意并凸显商品的特性。以下是几种常见的表现手法：

直接展示是一种简洁而直接的手法，通过最小化道具和背景的使用，让商品本身成为焦点。通过巧妙的陈列技巧，如折叠、拉伸、叠放、悬挂和堆叠，充分展示商品的形态、质地、色彩和样式。

寓意与联想是通过特定的符号、环境、情节、物体、图形或人物形态与情态来引起消费者的联想。这种手法能够在心灵上产生沟通和共鸣，通过创造独特的视觉效果，唤起消费者对商品特性的联想。

夸张与幽默是一种运用夸张手法来明显夸大商品特点和个性中美的因素。通过合理的夸张，强调商品的实质，使其更加突出。同时，贴切的幽默通过风趣的情节，使橱窗展示既出人意料，又在情理之中，达到引人发笑、耐人寻味的效果。

广告语言的运用是通过橱窗展示中的文案和标语，以引起消费者的关注和兴趣。巧妙的语言表达能够增强商品的吸引力，使橱窗成为一种生动的广告媒介。

这些表现手法的运用使橱窗设计变得多样而富有创意，既吸引眼球又能够有效传达商品的特性和优势。在激烈的市场竞争中，巧妙运用这些手法将为商家带来更多的关注和销售机会。

3. 橱窗的布置

橱窗的布置方式多种多样，主要有以下几种：

（1）综合式橱窗布置

综合式橱窗布置是一种将多个不相关商品综合陈列在同一橱窗内的方法。这种布置方式要求设计师在考虑商品之间的差异时保持谨慎，以避免给观众带来杂乱无章的感觉。这类布置可分为横向橱窗布置、纵向橱窗布置和单元橱窗布置。在横向布置中，商品横向排列，展示出丰富的品类；而在纵向布置中，商品垂直排列，凸显特定特征或主题。单元橱窗布置则将橱窗划分为多个独立的单元，每个单元展示一类商品，使整体更具有层次感。

（2）系统式橱窗布置

适用于大中型店铺的系统式橱窗布置，通过将商品按照类别、性能、材料或用途等因素进行分组，使得橱窗展示更为有序。这种布置方法能够突出每个商品的特性，使顾客更容易理解和记忆。通过系统式布置，商家可以有效地展示产品的全貌，提高顾客的购买决策效率。

（3）专题式橱窗布置

专题式橱窗布置以一个广告专题为核心，围绕特定事物组织商品陈列。这种方式包括节日陈列、事件陈列和场景陈列。节日陈列以庆祝某一节日为主题，利用相关商品搭建温馨的氛围。事件陈列则以社会上某项活动为主题，吸引顾客的注意力。场景陈列通过在橱窗中设置特定场景，展示商品的使用场合，激发顾客的购买兴趣。

（4）特定式橱窗布置

特定式橱窗布置注重通过不同的艺术形式和处理方法，集中介绍某一产品或一组相关产品。单一商品特定陈列聚焦于突出某一商品的特性，而商品模型特定陈列则通过模型展示产品的外观和功能。这种方式使橱窗更有深度和专业性，有助于强化品牌形象。

（5）季节性橱窗陈列

季节性橱窗陈列是根据季节变化将应季商品集中展示的方式。这包括冬末春初、春末夏初、夏末秋初和秋末冬初的陈列。通过及时展示季节商品，商家能够满足顾客的应季购物需求，并提前一个月进行预告，以达到宣传的目的。这种陈列方式有效地利用了季节性的购物需求，促使销售增长。

三、商业建筑室内设计赏析

埃塞俄比亚商业银行新总部大楼位于埃塞俄比亚首都亚的斯亚贝巴市中心核心区，共46层，高约209米，是东非第一、非洲第三高楼。该项目是继非盟国际会议中心项目后，中国建筑在当地承建的又一标志性建筑。

（一）主楼大堂

主楼大堂采用完美的钻石效果，主要应用于天花板的设计，白色条光透过钻石，呈现出晶莹剔透的效果。在钻石光芒的照耀下，巅峰黑大理石和高原金大理石被通过简洁的设计手法填充了大堂空间。

图 4-5 展示了主楼大堂的设计效果。这个设计不仅凸显了现代感，还通过白色条光和钻石的结合，打造出高贵和奢华的氛围。

图 4-5　埃塞俄比亚商业银行新总部主楼大堂

（二）会议大厅

会议大厅的设计以当地紫水晶和埃塞高原岩石颜色为主，与银行 LOGO 主题色形成了和谐的色彩搭配。这种设计手法形成了与自然元素的互动，通过色彩的巧妙组合，展现了设计者独特的审美眼光。

在图 4-6 中，可以看到会议大厅设计的实际效果。通过天然色彩的运用，会议大厅呈现出宁静而舒适的氛围，同时与银行的品牌形象相呼应。

图 4-6　埃塞俄比亚商业银行新总部会议大厅

（三）营业大厅

作为企业形象展示的区域，营业大厅延续了"矿石紫"和"岩石金"的主题色。设计方案通过呼应大草原植物，营造出树荫遮蔽下的安全舒适感。钻石形式感的立柱和天花板造型，展示了银行的企业实力和标志特点，在庄严典雅中显得恢宏大气。

图 4-7 呈现了营业大厅设计的视觉效果。通过高级的设计手法，强调了银行的专业形象，同时通过大草原植物的呼应，为客户提供了安全感。

图 4-7　埃塞俄比亚商业银行新总部营业大厅

（四）总裁办公室

总裁办公室的设计采用多边形的钻石语言，环绕天际展现出独特的空间感。发光软膜天花板创造出自然天光均匀洒落的意象，线条状的灯具组合象征钻石的切割线条。现代的设计手法与当地特有的石材相结合，表现出高级办公室的稳重与高贵感。

图 4-8 呈现了总裁办公室的设计效果。这种设计不仅仅展示了现代化和专业化，还在细节中体现了对地域文化的尊重和融合。

图 4-8　埃塞俄比亚商业银行新总部总裁办公室

第三节　办公室室内设计

现代办公室整体布局、采光、色彩等都会在不同程度上影响室内人员状态、情绪。在工作需求不断增加及审美不断提升的当下，传统办公室室内设计早已不符合现代化需求。在设计时设计师更倾向于潮流时尚，办公室室内环境必须满足实用、美观、得体等要求，才能为室内人员提供适宜的发展平台，使人们在心理和生理上得到双重满足，从而提高工作质量。

一、现代办公室室内设计原则

（一）经济性原则

现代办公室设计应遵循经济性原则，特别是在面积较大的情况下，以避免成本资源的浪费。简洁的装饰往往能够在保持舒适感的同时降低成本。设计师在注重艺术效果的同时，应根据办公室的性质和用途明确设计标准，避免盲目提升设计标准。在经济性原则的指导下，设计师需综合考虑现实角度，确保设计在提升艺术效果的同时提高经济效益和社会效益。

（二）功能性原则

首先，在办公室设计中，功能性原则是设计的基石。办公室作为一个复杂而多功能的空间，其设计需以满足工作和业务需求为首要目标。设计师在着手项目之初应充分了解客户的需求，明确办公室的具体功能，包括但不限于工作区域、会议室、休息区等。通过深入了解业务流程和员工工作方式，设计师可以更好地确定空间布局、功能分区和设备设施的位置，以最大程度地提高办公效率。

其次，功能性原则强调设计方案应当在满足基本工作需求的同时，通过创新设计手法提升室内环境的美观度和办公氛围。这要求设计师不仅仅是满足功能性需求，更要关注设计的艺术性和人性化。通过合理的色彩搭配、空间布局和装饰手法，设计师可以打造出既实用又具有独特魅力的办公环境。例如，在开放办公区域中，可以通过巧妙的隔断设计和绿植摆放，既实现空间的灵活性，又提升整体视觉效果。

再次，设计双方在设计前需要充分明确设计需求和目的。这一过程需要设计师与客户进行深入的沟通，了解客户的公司文化、价值观、未来发展规划等信息。通过明确设计目标，可以确保设计方向的准确性，从而更好地满足客户的实际需求。设计师应该提出合理的问题，引导客户思考和表达需求，以便更好地把握设计的方向。

最后，设计师在提出设计方案时应保留办公室原有的功能，并通过创新的设计手法满足设计要求。这涉及对现有空间和设施的充分了解，确保设计不仅能够满足当下的需求，还要考虑到未来可能的扩展和变化。在创新设计中，设计师可以运用先进的科技手段，如智能化系统、虚拟现实技术等，为办公室注入更多未来感和活力。

（三）实用性原则

首先，实用性原则是现代办公室设计的基石。在设计过程中，设计师应当以满足办公室的实际需求为首要目标。这包括但不限于工作空间的合理布局、设备设施的合理摆放，以及办公人员的工作流程和习惯。通过深入了解办公室的业务性质和工作方式，设计师能够更好地把握实际需求，确保设计方案在实用性上得以充分体现。

其次，实用性原则在办公室室内设计中要求室内空间既要统一又各自独立。这涉及对空间的巧妙分区和合理规划。例如，开放式办公区域和独立办公室之间的空间划分需要考虑到私密性与公共性的平衡。设计师可以通过采用可移动的隔断、合理布局办公桌等方式，使空间既能够满足整体性的视觉感受，又能够满足不同区域的不同需求。

再次，实用性原则要求设计师充分发挥办公室内部设施空间的双重作用。这涉及家具、储物柜等设施的设计与布局。设计师可以采用多功能的家具，如可折叠桌椅、嵌入式储物空间等，使得同一块空间既可以作为办公区域，又可以在需要时转化为会议或休息区域。这种巧妙的设计不仅提高了空间的利用率，也增加了办公室的灵活性。

最后，在室内设计中，实用性原则要求设计师根据办公室的面积规模和实际情况进行划分，确保不同位置发挥出不同的作用。例如，对于办公室中的前台接待区，设计师可以注重其视觉效果，使之既具有独立的美感，又能够实现实际的工作功能。这需要设计师在规划和布局时精确考虑空间的大小、人流线和服务需求，以实现最佳的实用性和美观性的平衡。

（四）安全健康性原则

首先，站在安全角度来看，办公室作为一个集公开与私密为一体的环境，其安全性至关重要。在设计办公室室内空间时，设计师首先需要意识到办公室内可能放置了大量的不可公开的私密文件或资料信息。这些文件可能包含公司机密、客户信息等重要内容，因此在设计时需要采取相应的措施，确保这些信息得到妥善的保护。安全问题已成为现代办公室设计的硬性标准，不仅需要考虑数据的网络安全，还需要注重实体空间的安全性，例如采用智能安防系统、加强门禁管理等手段，以保障办公室的整体安全。

其次，从健康角度考虑，健康设计是办公室室内设计中不可忽视的方面。健康设计主要体现在应用低能耗低污染材料、保障空气流通等方面。选择材料时，设计师应优先考虑低能耗低污染的材料，以减少对室内空气质量的影响。空气流通是保障室内空气新鲜度的重要手段，合理设置通风系统，增加室内绿植，都是有效的健康设计手段。考虑到办公室的使用频率和时间相对较短，设计师应特别关注人员进入办公区域的时间，确保在这短暂的时间内也能够保障工作人员的身心健康。

再次，对于所有使用的材料，设计师必须确保其符合国家安全标准。这不仅包括建筑材料，还包括家具、装饰材料等。严格遵循国家的相关标准，选择无毒、低污染的材料，是保障室内环境安全和员工健康的基础。特别是在现代社会对环保要求日益提高的情况下，健康材料的选择不仅是一种法律义务，更是对员工负责的表现。

最后，为了全面保障工作人员的身心健康，将人体健康置于首位是办公室室内设计的终极目标。在整个设计过程中，无论是空间布局还是材料选择，设计师都需要以员工的身心健康为优先考虑因素。通过科学合理的设计手法，创造一个既安全又健康的办公环境，有助于提升员工的工作效率和生活质量。

二、现代办公室室内设计主要内容

（一）色彩设计

首先，站在人性化的角度来看，办公室的色彩设计直接关系着室内人员的精神状态。在设计色彩时，应该以人为本，考虑到不同人群的需求，以促使色彩对整体工作环境的积极调整。例如，对于希望营造出愉悦、轻松的工作氛围的办公室，设计师可以选择纯度较高的色彩，这有助于使室内人员保持放松的状态，更易于激发工作的积极性。因此，合理的色彩设计可以直接影响到员工的情绪和工作效率。

其次，避免在办公室内大面积应用一些较为沉闷的色彩，比如黑色、棕色、深紫色等。这些色彩可能会给室内环境带来一种压抑感，使人感到沉闷和压力，难以提高室内人员的工作热情。相反，选择一些明快、明亮的色彩，如蓝色、绿色、黄色等，有助于创造一个轻松、愉快的工作氛围。不同的色彩向人们传达的信息是不同的，设计师需要根据企业文化和办公室的定位来选择适当的色彩。

再次，色彩的搭配也是极为重要的。在现代办公室室内设计中，简约、经典、自然等几种风格比较受欢迎。通过巧妙的搭配，可以创造出不同的氛围。比如，白色与原木色的结合可以打造简约舒适的办公氛围，黑、白、灰三种颜色的组合则能形成经典的办公室风格，给人以理性、专业的感觉。另外，绿色和黄色的搭配可以创造出自然的氛围，有助于提高室内人员的工作效率和生活质量。

最后，办公室室内设计中的色彩不宜过多。如果色彩应用过于烦琐且未经过合理搭配，可能导致整体环境显得混乱，影响室内人员的工作思维。设计师可以选择以单色为主，辅以少量其他色彩作为点缀，形成鲜明的对比，从而增强办公室的整体醒目感。这样的设计既能满足企业形象的需求，又能够维持室内人员的工作效率。

（二）采光照明设计

首先，自然采光和人工采光是办公室室内采光的两种主要方式。自然采光以太阳光为主，而人工采光主要依赖于灯光系统。这两种方式都受到多方面因素的影响，因此在设计中需要综合考虑办公室的方位、建筑结构等特点，以确保最佳的采光效果。例如，在办公室东面设计窗户，能够利用早晨的阳光，提供更长时间的自然采光。

其次，照明设计在办公室室内设计中占据重要地位。合理的照明设计不仅可以提升办公室的整体设计效果，还能够提高员工的工作效率，使其能够长期在舒适的工作环境中工作。在照明设计中，有两个关键方面需要着重考虑。

首先，要确保办公室的照明不会产生眩光。办公室通常配备电脑设备，而眩光可能导致员工无法集中注意力，甚至损害眼睛。为了解决这个问题，可以在光源处设置遮蔽物，既不影响照明效果，又能够提供足够的光照需求。

其次，需要根据办公室的功能选择适当的灯具。在考虑照明设计时，设计师应当充分了解办公室的具体功能需求。例如，荧光灯是一种适用于办公室环境的灯具，因为它具有较高的光亮度和显著的节能效果，符合经济性原则。通过合理选择灯具，可以满足不同区域的照明需求，为员工提供一个舒适、高效的工作环境。

最后，独立的照明开关设计也是照明系统中需要考虑的重要因素。由于办公室内有多个办公区域，每个区域的照明需求各不相同。因此，在设计照明系统时，应当满足每个区域独立调节的要求，以便于各个区域根据实际办公需求合理调节照明水平，提高能源利用效率。

（三）整体布局设计

首先，办公室的模式主要包括集体办公室和独立办公室两种。在集体办公室中，各部门岗位位于同一空间，为了避免工作干扰，隔断的设计显得尤为重要。隔断的设置不应摆放杂物，其高度需要与办公桌椅相结合，以确保员工在办公椅上直立时可以清楚地观察四周情况，而在伏案工作时又不会受到外部视线的干扰。此外，安全出口和大门也不应该设置在办公区域，可以将休息区、接待区等安排在员工办公区之外，以确保各部门能够有序运作而不互相干扰。

其次，对于独立办公室模式，合理设计接待室和会议室是关键。接待室的位置应离经理办公室较近，设计上不宜过于繁复，而是要与企业文化相融合，呈现出稳重大方的氛围，以给客户带来舒适感和信任。而会议室的设计需要充分发挥其功能，包括桌椅的高度与简体结构的合理结合，以及如果空间较小，可以设计圆桌以促进员工之间的讨论。

再次，如今的办公区域通常还包括特殊用途的场所，如喝茶室和咖啡室。在咖啡室中，不仅可以享受咖啡，还可以进行办公。为了提供足够的办公硬件设施，内部设计需要考虑电源、USB 接口、储存空间等，以满足员工的办公需求。

最后，整体布局设计需要充分考虑企业的文化和员工的实际需求。通过科学合理的设计，可以创造一个既有序有效的工作环境，同时也满足员工对于舒适和功能性的期望。

（四）陈设设计

首先，现代办公室室内陈设在设计家具时应以年轻化和时尚化为主导原则。考虑到现代办公室工作者的年轻化趋势，注入时尚元素的家具更能吸引年轻群体的关注，从而有助于增强工作活力与积极性。简约化的设计理念应贯穿家具的款式和色彩，同时强调功能性，以满足办公实际需求。

其次，窗帘的选择在室内设计中显得尤为重要。窗帘不仅能够有效阻挡外部污染，而且对于创造宁静、和谐的工作氛围十分有利。传统窗帘产品仅具备基本装饰作用，而当代社会的窗帘产品则既可作为配饰，也能充当隔音、防尘和防水的实用工具。百叶帘、卷帘、布艺帘等多种产品在办公环境中常见，其中百叶帘因其遮光性、通风性和美观性的兼具，成为现代办公室中的主流选择。

再次，地毯的选择应着重考虑图案与色彩的搭配。现代办公室以简约、大方为主导风格，因此在地毯的选择上，避免过于鲜艳或图案过于复杂的设计。抗压、抗污等性能是选择地毯材料时需要考虑的因素，尼龙材质地毯是一种抗压和抗污性能较好且价格适中的选择。地毯的颜色也可以根据办公环境的采光情况来调整，例如在背阴位置使用暖色系地毯，而在采光较好的区域使用灰色系地毯，以起到装饰效果。

最后，绿植作为办公室陈设设计的重要组成部分，能够营造出健康的生态感。在办公室内摆放绿植有助于室内人员吸收能量，活跃思维，尤其是在计算机设备较多的办公环境中更显得重要。然而，绿植的摆放位置需要谨慎考虑，避免阻碍室内人员的正常走动。此外，考虑到办公室的高度和规模，选择适宜尺寸的绿植也是设计师需要充分考虑的问题。

三、现代办公室室内设计发展趋势及策略

（一）生态化

首先，近年来，生态污染问题的日益严重使得生态保护成为每个公民的义务。建筑物设计在其生命周期中所产生的生态污染对环境构成威胁，因此，在进行室内设计时必须朝着生态化方向发展。我国提出的节能降耗理念引起了设计师们的高度关注，然而，能源浪费和环境污染的现象依然存在。为了避免对生态环境造成不可逆转的破坏，室内设计应全程贯彻节能降耗理念，采用有效的设计手法来减少设计能源消耗，推动能源与设计领域共同实现可持续发展。

其次，现代办公室室内设计生态化主要体现在设计元素上。传统的室内设计中，使用的材料通常具有较高的能源消耗性，而这些材料在现代设计中已被淘汰。市场上出现了大量低能耗材料，在办公室室内设计中采用这些材料可以有效降低设计的能耗，实现可持续发展。例如，设计师可以选择使用天然植物、水体等天然材料元素，不仅体现了生态理念，还不影响办公室室内环境的美感，并在健康方面有所体现。设计师在具体设计时应结合办公室的大小规模、局部气候和使用情况，通过合理的设计努力将能源消耗降至最低。全面考虑办公室所在地大环境和整体建筑情况，提高建筑外墙的隔热能力是其中的一项重要措施。此外，在选择室内必备设备时，也应从节能的角度进行考虑，例如安装室内用电与建筑一体化系统、太阳能系统、地热抽空系统等，全面营造生态节能的条件。

再次，在生态化设计中，注重能源的可持续性发展是至关重要的。设计师可以考虑采用可再生能源，如风能、太阳能等，以替代传统的化石能源。此外，在建筑材料的选择上，应优先考虑那些对环境影响较小、可循环利用的材料，减少对自然资源的损耗。通过这些手段，设计师可以在办公室室内设计中实现更为生态友好的理念。

最后，在整个生态设计过程中，设计师还应注重室内空气质量、噪声控制等方面的问题。选择无污染、低挥发性有机物的涂料、胶水等材料，提高室内空气的质量。同时，通过合理的空间布局和隔音设计，降低室内噪声水平，提供更为宜人的工作环境。

（二）创新化

首先，办公室室内设计在不同时期面临着不同的需求，因此设计理念和手法需要不断创新。创新化的室内设计意味着设计师需要紧密关注潮流趋势、社会发展变化，并灵活应对不同客户的独特需求。在设计过程中，经济性和实用性是设计的重要考量因素，设计师需要根据现实情况展开设计工作，以满足不同客户的需求。对于多元化的设计需求，设计师必须不断挖掘和创新设计方法，使设计更加符合多样性的需求。

其次，在科技进步的背景下，办公室内引入了多种先进技术。设计师需要深入了解这些科技，并在设计时巧妙地融入，以提升设计水平。例如，智能化办公设备、虚拟现实技术、

可持续能源应用等方面的科技成果都可以在办公室室内设计中得以应用。设计师不仅需要具备艺术设计的能力，还需要对科技足够了解，以确保设计在实践中的可行性和先进性。

再次，设计师需要不断积累实践经验，学习全新的设计方法和技术。通过参与各类项目，设计师能够更好地理解不同领域的需求，提升对设计的洞察力。同时，对于新兴的设计理论和技术，设计师需要持续学习和掌握，以确保自身的设计水平与时俱进。在创新的过程中，设计师可以参与各类设计比赛、研讨会，拓宽视野，结交同行，从而推动整个室内设计领域的发展。

最后，设计与科学技术的融合深度是提高未来办公室室内设计质量的关键。设计师不仅需要具备美学和艺术方面的专业知识，还需要了解科技的最新进展。在设计过程中，可以运用信息技术、建筑技术等领域的成果，使办公室室内设计更加智能化、人性化。此外，设计师还应积极参与研究和开发新型材料，以提高设计的可持续性和环保性。

（三）智能化

首先，智能化已经成为当今现代室内设计的热点和趋势，尤其在办公室室内设计领域引起了广泛关注。这是由于大数据和互联网的兴起，彻底改变了传统的办公形式，使得大多数办公人士处于不断流动和灵活的工作状态。在这一背景下，如何为办公人士提供舒适、高效的办公环境成为设计师们共同关注的核心问题。

其次，一些设计师已经开始将办公室设计与智能化技术相结合，以满足不同层次的工作需求。以上海瑞安集团为例，他们划分了公共、半公共和私密空间，为办公人士提供了智能办公环境。在公共空间中，通过设计互联网接口，办公人士可以方便地进行实时沟通，实现高效的工作协同。半公共空间则更侧重于为客户提供个性化服务，可以灵活举办培训、展览和餐饮等活动。而私密空间则完全隔离，专门为工作人员提供私密的工作环境，充分考虑了个人的隐私需求。这种设计理念不仅不妨碍交流互动，还能保留个性化的工作环境，充分体现了智能化设计的理念。

再次，在办公室室内设计中，可以借鉴这种智能化设计理念和模式，开创全新的设计思路。设计师可以通过引入智能化设备和系统，如智能照明、智能温控、智能安保系统等，提高办公室的舒适性和便捷性。智能家居系统的应用也可以使办公室更加智能、高效。例如，智能化的空调系统，可以根据员工的工作时间和习惯智能调节温度，提供更为个性化的舒适工作环境。此外，智能化还可以在会议室、办公桌等区域引入智能化设备，提高工作效率和便捷性。

最后，智能化与办公室设计的结合不仅仅是技术的应用，更需要设计师对于智能科技的深刻理解和创新应用。设计师在设计过程中需要充分考虑用户体验，确保智能化系统的人性化和易用性。同时，要关注智能化技术的可持续性，引入可持续发展的智能系统，推动智能化与绿色设计的有机结合，为办公室提供更为可持续和健康的室内环境。

现代办公室室内设计从传统设计过渡而来，整个设计过程必须遵循经济性、功能性、实用性及安全健康性原则。设计内容较为丰富，主要包含色彩、采光照明、整体布局、陈设等，不同内容的设计方法各不相同，但都需密切结合办公室需求、功能等实际情况实施。在时代不断革新及技术不断开发的环境下，要想提高办公室室内设计效果与质量，就要朝生态化、创新化及智能化方向发展。为实现发展目标，需应用天然设计材料降低设计能耗，创新设计理念技术，并与科学技术相融合，促进室内设计领域转型。

四、办公室室内设计鉴赏

首先，工作环境对工作品质的影响已成为现代办公室设计中的重要考量。在洛杉矶普雷亚维斯塔社区的广告公司，设计师充分认识到工作环境的重要性，通过出色的室内设计为创意工作者提供了一个既高效又舒适的办公空间。这不仅有益于提高员工的工作效率，还为创意工作者提供了源源不断的新灵感，促进了创意和团队合作。（图4-9）

图4-9 洛杉矶普雷亚维斯塔社区的广告公司（一）

其次，该广告公司的室内设计以黑白灰为主色调，展现了简约而现代的设计风格。设计师通过巧妙运用双色玻璃来区隔功能区域，为办公室创造了清晰的空间结构。这种设计不仅使办公室整体视觉简洁大方，还为员工提供了相对私密的工作空间，有助于提高工作效率。

再次，该设计中使用了玻璃上的薄膜涂层，通过改变光线色彩，使得不同角度的折射呈现不同的色彩。这种视觉效果的非凡运用展示了广告公司的无限想象力，为员工创造了独特而富有创意的工作环境。这也反映了室内设计不仅仅是功能性的追求，更是对美感和创意的追求。

最后，图 4-10 展示了设计师通过玻璃的非凡视觉效果来体现广告公司的创造力。这种创新设计不仅满足了办公室的基本功能需求，还赋予了空间更深层次的意义。这表明在现代室内设计中，设计师需要不断挑战传统，追求更为独特和富有创意的设计方案。

图 4-10　洛杉矶普雷亚维斯塔社区的广告公司（二）

这一设计案例充分体现了工作环境对工作品质的积极影响，并展示了设计师在创造性和实用性之间的巧妙平衡。这样的设计不仅提高了办公室的整体形象，还为员工提供了激发创造力的空间。

第四节　公共空间室内设计

室内装饰设计是公共空间建设的基础性组成部分，具有重要意义。目前，随着我国社会经济的不断发展，人们生活水平显著提升，对公共空间室内环境也提出了更高质量的要求。在公共空间室内装饰设计中，要能够立足于公共空间的实际情况，把握好公共空间的类型特点，针对性设计室内装饰方案，使室内装饰设计更加贴近公共空间的主题。同时，也需要协调好公共空间室内环境的功能、舒适、审美等多个方面需求，为人们带来更加舒适、优质的服务体验。另外，通过对公共空间室内装饰设计的创新，也能够带给人们眼前一亮的感受，并突出环境主题。

一、公共空间室内设计的概念

公共空间室内装饰设计作为一项综合性工作，同时包括人为活动、地域文化、环境因素等多个方面，不仅仅要满足个人的需求，也需要为人与人之间的交往以及各项环境要求创建良好的氛围。为能够更好地体现出公共空间在休闲娱乐、生活办公等多个方面的价值作用，需针对性做好建造技术的应用，然后结合公共空间所处特定环境，针对性做好建筑内部与建筑外部的规划处理，不断提高空间环境的舒适性、人文性和安全性。

（一）公共空间室内装饰设计的多方面考量

1. 综合性工作的特点

公共空间室内装饰设计是一项具有综合性的工作，需综合考虑人为活动、地域文化、环境因素等多个方面。其独特性在于不仅要满足个人需求，还要创造出适宜人与人之间交往的氛围。设计师在此过程中需要深入了解公共空间的使用目的，包括休闲娱乐、生活办公等，以确保设计方案能够全面满足空间的多样化需求。

2. 建造技术的应用与环境规划处理

为提高空间的舒适性、人文性和安全性，设计师要有针对性地运用建造技术。这包括室内装饰材料的选择、空调通风系统的设计等方面。同时，对于公共空间所处的特定环境，需要结合建筑内外的规划处理，以创造和谐的空间氛围。

3. 多领域知识的综合运用

公共空间室内装饰设计不仅仅是建筑学的范畴，还涉及餐饮、住宿、娱乐、文教等多个领域。设计师需要兼顾多学科知识，如建筑学、材料学、社会学、结构工程学等。这种跨学科的综合应用，使设计更加丰富而全面。

（二）设计中的经济性与适用性的考量

1. 提高空间经济性

在公共空间室内设计中，经济性是至关重要的因素。设计师需要思考如何在有限的预算内，实现对空间的有效利用。选择经济实用的装饰材料、合理配置空间布局，是提高空间经济性的有效手段。

2. 适用性的实现

公共空间的室内设计需要考虑不同用户群体的需求，确保空间具有广泛的适用性。这包括考虑到不同年龄、文化背景、职业等因素，使设计更具包容性，满足多样化的使用需求。

3. 科技手段的应用

现代科技手段在公共空间室内设计中发挥着越来越重要的作用。设计师可以运用虚拟现实、智能化技术等，以提高空间的适用性。例如，通过智能照明系统、智能温控系统等，为用户提供更加舒适便捷的使用体验。

（三）要素的综合运用与设计原则的遵循

1. 色彩要素的考虑

色彩在公共空间室内设计中扮演着重要的角色。设计师需要考虑不同色彩在心理上的影响，以及如何运用色彩来营造特定的氛围。在餐饮区域可以运用暖色调，而在学习区域则可以选择冷色调。

2. 界面处理要素的重视

界面处理要素涉及空间中各个功能区域之间的过渡和连接。合理的界面处理能够使空间显得更加有层次感和流畅感。这包括采用适当的隔断、家具摆放等手法，确保空间的统一性又各具特色。

3. 设施设备要素的合理配置

公共空间的室内设计需充分考虑设施设备的配置。不同功能区域需要不同的设施设备支持，如娱乐区域可能需要音响设备，办公区域则需要合适的办公家具。设计师要在保证功能性的基础上，使设备配置与整体设计风格相协调。

二、现代公共空间室内设计的内容及原则

（一）公共空间室内设计的内容

公共空间室内装饰设计中，设计人员需能够在把握好建筑设计的基础上，对空间之间的衔接、过渡、比对、统一等问题进行解决，从而进一步提高公共空间室内装饰设计的合理性，以及有效的布局效果。同时，在公共空间室内装饰设计中，也包含着建筑的各个方面，常见如建筑店面、建筑吊顶等的设计，通过对建筑各个方面的科学设计，协调好建筑空间的采光、通风等多方需求。

1. 空间衔接与建筑设计的综合考虑

（1）建筑设计基础的把握

公共空间室内装饰设计的出发点在于充分理解和把握建筑设计的基础。设计人员需要深入了解建筑的结构、风格、布局等方面的特点，以确保室内装饰与建筑外观相互协调。

（2）空间之间的衔接与过渡

有效的空间衔接与过渡是公共空间室内设计中的关键问题。通过科学的布局和界面处理，不同功能区域之间具有自然的过渡，既保持空间的统一性，又能满足各区域的特定功能需求。

（3）采光、通风等多方需求的协调

公共空间的室内设计需要综合考虑采光、通风等多方面需求。设计人员应当科学规划窗户的位置和大小，选择适当的通风设备，以提高空间的舒适性和功能性。合理的设计能够最大程度地利用自然光线，降低能源消耗。

2. 家具布置与科学设计手法的运用

（1）固定家具与活动家具的布置

在公共空间室内设计中，家具的布置是至关重要的。设计人员需根据不同功能区域的需求，合理摆放固定家具如沙发、书架等，同时留有足够的活动空间。活动家具的选择也需要考虑使用场景，使其既满足功能需求又符合空间整体设计风格。

（2）科学设计手法的应用

科学设计手法是指设计人员在布置家具、调整空间装饰时所运用的方法。这包括考虑人体工程学、运用黄金分割比例等原则，以实现空间的合理布局。科学设计手法能够使空间更加舒适、实用，并提升美观度。

（3）美观性与使用需求的平衡

在公共空间室内装饰设计中，设计人员需要平衡美观性和使用需求。美观的设计能够提升空间的整体品质，而与此同时，必须确保设计不影响空间的实际使用功能。合理的设计手法既可以满足用户的审美需求，又能够提供舒适的使用体验。

3. 室内装饰的合理性与实际效果的提高

（1）细致的室内装饰规划

室内装饰规划是公共空间设计的重要一环。设计人员需要对每个细节进行精心规划，包括墙面装饰、地面铺装、照明设计等。通过精致的室内装饰规划，使整个空间呈现出协调一致的效果。

（2）色彩搭配与材质选择

色彩搭配和材质选择是影响室内美感的关键因素。设计人员需根据空间的功能和氛围要求，科学选用适宜的色彩和材质，以创造出符合设计主题的室内环境。

（3）实际效果的提高

室内装饰的合理性最终要通过实际效果得以体现。设计人员在施工过程中需密切关注每个细节的落实，确保设计方案得以完美呈现，通过实际效果的提高，才能真正实现设计的价值。

（二）公共空间设计的原则

1. 功能性原则

功能性原则是公共空间室内装饰设计中的基础性原则，设计人员在追求功能性时，可通过物品的使用对功能进行改变，并衍生了形式与功能这一问题。

（1）功能性原则的重要性

功能性原则作为公共空间室内装饰设计的基础性原则，不仅仅是追求空间实用性的基石，更是设计师在创造美观形式的同时，兼顾功能性需求的出发点。

形式与功能的关系是公共空间室内设计中的核心问题。优秀的设计应该在满足空间功能的基础上，通过良好的形式表达，使空间不仅仅具有实用性，更具有美观性。这需要设计人员在考虑功能性的同时，注重空间的整体形态和审美效果。

（2）功能性与科技的结合

随着社会经济的发展，科技的进步对传统功能性提出了更高的要求。传统功能已经难以满足现代人们不断升级的空间使用需求，包括办公、社交等多方面需求。

在公共空间室内装饰设计中，设计人员可以通过应用先进技术如电子屏、可视化、人工智能等，来提升空间的功能性。例如，借助 VR、AR 等技术，设计师可以为用户创造更为沉浸式的体验，通过嵌入式布展和互动式体验等手段提高展陈效果。

通过科技的应用，公共空间的室内设计逐渐实现智能化。这不仅包括在办公环境中提高工作效率，还包括在社交场合中提供更便捷的服务。电子屏、智能化家具等成为提升空间功能性的有效工具。

（3）先进技术的具体应用案例

电子屏的运用不仅能够提供信息传递的功能，更能够作为装饰元素融入空间，为公共空间创造出多样化的氛围。设计人员可以通过电子屏的灵活运用，实现信息的实时更新，使空间始终保持新鲜感。

在产品展示中心等公共空间，可视化技术的应用已经成为提高展陈效果的关键。通过虚拟现实和增强现实技术，设计师能够为用户呈现出更为真实、生动的产品形象，从而提升空间的体验感。

人工智能在公共空间室内设计中的应用也逐渐增多。通过智能化家具、智能照明系统等，设计人员可以为用户提供更加个性化、便捷的空间体验。例如，智能家居的智能调节功能能够满足不同用户的需求，提高空间的灵活性。

2. 人性化原则

公共空间室内装饰设计本质上是为人而服务的。因此，在进行公共空间室内装饰设计时，也需要始终坚持人性化的基本原则，重点关注人们在空间内的生理感受与心理感受。

（1）人性化原则的基本概念

人性化原则是公共空间室内装饰设计的基石之一。它关注用户在空间中的生理与心理感受，旨在创造一个贴近人性需求的舒适环境。

人性化原则适用于各类公共空间，包括商场、图书馆、售楼处、餐饮空间和办公空间等。通过不同空间的差异化设计，满足不同人群的需求，增强空间的亲和力。

（2）商场设计中的人性化原则应用

商场不仅仅是购物场所，还是人们休闲社交的场所。在设计中，应增加休息区域，提供舒适的座椅、植物等元素，让顾客在购物疲劳时得到放松。

考虑到不同人群的需求，商场设计中需要差异化设置一些特殊设施，如无障碍设施、母婴设施等，提高空间的通用性和人性化。

（3）图书馆与售楼处等场所的人性化设计

在图书馆、售楼处等场所，人性化则可以通过设置儿童区、亲子区来满足家庭用户的需求，创造出更具亲和力的环境。

在餐饮空间设计中，为了满足现代人的需求，人性化设计可以提供充电设备和免费Wi-Fi，为顾客提供更便捷的用餐体验。

（4）人性化原则在办公空间设计中的体现

办公空间是公共空间的重要组成部分，人性化设计应关注员工的需求。茶水间、午休间、休闲区的设置有助于提高员工的工作舒适度。

在办公空间设计中，人性化原则与功能性原则相辅相成。布局茶水间、休闲区等功能性场所，使员工在办公间隙能够得到身心的放松，提升整体的人性化程度。

3.地域性

在20世纪90年代初期，我国公共空间室内装饰设计中存在着盲目西化的问题，这导致在盲目跟风西方设计形式的基础上，限制了本土化的创新。而目前，随着我国综合国力和人们文化自信与民族自信的不断提高，如何在公共空间室内装饰设计中体现出民族的元素成为人们关注的重点。因此，还需进一步做好我国传统建筑元素的提炼，针对室内空间做好更加合理的布局，并同时对传统装饰陈设进行精简。以武汉大学南湖效率图书馆设计为例，在图书馆主入口位置，设计人员便采取了传统建筑设计方式，针对其中的框架结构与斗拱元素进行了拆分和重组，然后在钢结构的材质下，对传统的木结构形态进行了重新演绎。又或者在一些民宿客房设计中，结合我国传统居民住宅形式，对空间结构进行了改造，并采取了一种更具开敞式的形式，以此提高了空间的共享性，也能够将人文特色与自然景观进行更加充分的融合。

三、公共空间室内装饰设计中的装饰创新

（一）室内空间组织设计

在进行公共空间室内装饰设计时，设计人员需在把握建筑整体功能的基础上，从建筑功能的角度出发，对整体进行统筹和规划。通过将整体空间划分为单体空间，提高组织的有序性，建立室内空间和陈列之间更理想的联系，使公共空间室内装饰设计在功能和美学层面达到协调统一。目前的设计实践中，存在多种组合形式，其中包括轴线对称形式、集中组合形式和辐射形式等。

1.轴线对称形式

在轴线对称形式的应用中，通过利用轴线实现空间定位，并通过对轴线关系的利用建立各空间之间的联系，形成科学的组织。每个空间都存在自身的轴向，依托于轴线指导对家具的陈列摆放，使布局更有序，空间关系更清晰。轴线的选择可以是一条或多条，但在多条轴线使用中需要确定主次关系。

2.集中组合形式

集中组合形式本质上是一种向心式构图，通过在中心主导空间围绕一定数量的家具陈列来实现。中心主导的空间通常具有相对规则的形状，构成更加稳定的布局。这种形式营造出向心集中的效果，使空间更有层次感。

3. 辐射形式

辐射形式的空间组合具有分散式和集中式特征。通过若干个辐射状扩展和中心空间的串联，形成整体布局。辐射形式可以通过分支来实现对外的伸展，创造出分散而有序的空间组织。

在这些组合形式中，设计人员需要灵活运用，根据具体的空间需求和功能要求选择合适的形式，以实现室内空间的良好组织。这种设计方式既注重空间的整体性，又追求各个区域之间的协调和统一。

（二）室内空间设计手法优化

1. 空间分隔

空间分隔是指在建筑空间中结合不同的使用功能，在垂直和水平方向上进行练习与分隔，为人们提供更良好的空间环境，以满足不同活动的需求。对于提高公共空间室内装饰设计质量而言，良好的空间分隔具有重要的意义。当前常见的空间分隔方式包括绝对分隔、局部分隔、象征分隔、弹性分隔和虚拟分隔。

（1）绝对分隔

在绝对分隔中，通常使用承重墙和隔断墙对空间进行明确的物理分隔。这种方式具有较强的封闭性，能够有效地界定空间边界。

（2）局部分隔

局部分隔主要应用于传统的公共空间室内装饰设计中，采用高柜子、屏风等设施对空间进行分隔。相较于绝对分隔，局部分隔并非完全封闭，保持了一定的透光性和透气性。

（3）象征分隔

象征分隔采用玻璃、绿化等物体进行分隔处理，通过心理作用实现对空间的隔离感。象征分隔的空间界定度较低，更多地体现为心理上的分隔。

（4）弹性分隔

在弹性分隔中，设计人员采用升降或折叠隔断对空间进行分隔，以实现对分隔大小和形式的灵活调节，适应使用者的实际需求。

（5）虚拟分隔

虚拟分隔通过摆放家具等方式在空间内构建虚拟的分隔，主要应用于开敞式格局设计。

这些空间分隔方式的选择应根据具体的空间需求和功能要求，以实现室内空间的合理组织。这种多样性的设计方式既注重空间整体性，又强调各个区域之间的协调和统一。

2. 空间过渡

空间过渡是公共空间室内装饰设计中常用的艺术手法之一，通过引导空间，使人们在不经意间从一个空间过渡到另一个空间。虚拟空间过渡的设计方式能够显著提高空间的趣味性。当前的空间过渡设计主要通过踏步、楼梯等元素来实现，从而增强空间设计的导向性。

3. 空间渗透

增加空间的通透性和开敞性可以提高空间的流动感，使得相邻空间之间能够良好地渗透，增加空间的层次感。目前，空间渗透主要表现在内外空间的设计中，使用半透明的材质如玻璃、织物进行分隔处理，以创造更富有层次感的空间。

4. 空间的对比

通过对两个毗邻的空间采取不同的设计手法，可以引起人们明显的情绪变化。设计人员可以在公共空间室内装饰设计中利用这种方式，通过差异化处理方向、形状、体量等元素，达到更理想的空间效果。这种对比设计可以产生独特的空间体验，吸引人们的注意力，使空间更加丰富多彩。

（三）室内界面表达形式

1. 室内界面表达形式

在进行公共空间室内装饰设计时，需要兼顾多个方面的要求，包括功能性、技术性等。同时，设计人员还需要平衡室内界面的造型与美观性。从室内界面的造型角度来看，设计人员应特别关注吊顶层、承重墙、结构构件等界面造型。设计时，可以通过把握结构体系的构成轮廓，形成不同的形状界面，如拱形、折面、平面等。

设计人员在考虑界面造型时，应分析室内使用功能，把握使用功能反馈的空间形状需求，超越结构层进行思考。举例而言，在吊顶设计中，设计人员可以利用不同款式的灯具，以提高吊顶设计的空间感。在古典吊顶设计中，可以搭配藻井式设计；而在现代吊顶设计中，则可以选择走道式、人字形、对称式等多种类型，更精准地凸显设计主题。

2. 吊顶层的设计

吊顶层作为室内的重要设计元素，不仅要满足功能性需求，还应当注重美观性。吊顶设计可以通过巧妙搭配不同灯具来创造多样化的空间感。在古典设计中，可以运用藻井式设计，展现出传统与华丽；而在现代设计中，则可以选择更富有线条感和对称美的吊顶形式，与整体风格相契合。

3. 承重墙的造型设计

承重墙在室内结构中扮演着重要的角色，其造型设计不仅关乎结构的稳定性，还能影响空间的整体美感。设计人员可以通过考虑不同的材质、纹理和色彩，以及结合墙面艺术装饰，使承重墙在形式上更富有层次感，为空间增添独特魅力。

4. 结构构件的形状设计

室内结构构件的形状设计直接关系到空间的整体视觉效果。通过合理的形状设计，可以使结构构件既具有实用性，又在空间中起到装饰的作用。设计人员可以借助不同的结构构件，创造出独特的线条与形状，使整个空间更富有设计感。

（四）公共空间室内色彩设计

色彩在公共空间室内环境中扮演着至关重要的角色，对于空间主题的呈现、氛围的营造等方面都具有重要的应用。色彩的形成源自光的作用，通过在物体表面的反射和吸收，产生视觉感知的颜色。不同物体的质地差异导致了在光的透射、吸收、照射等方面呈现出各异的色彩，进而影响人们的视觉感知。

在公共空间室内设计中，色彩的合理搭配直接影响着整体的视觉效果。然而，色彩的应用并非单纯追求艳丽与搭配，更需要考虑与室内空间的主题、环境需求相契合。民族因素、性格特征、文化教育等多方面因素都对色彩有着不同的要求，因此设计人员需要综合考虑这些因素，制定相应的色彩应用方案，以实现更为理想的效果。

具体而言，色彩的应用需要细致入微。首先，设计人员应该把握色相、明度、纯度这三个要素，确保色彩的基本搭配达到和谐统一。同时，从色彩的物理效果出发，包括色彩温度感、色彩重量感、色彩体量感、色彩距离感等多个方面进行优化。这意味着在选择色彩时，不仅要考虑颜色的本身特性，还要考虑颜色在空间中的视觉表现，使其更好地融入整体设计中。

在公共空间室内色彩设计中，色彩的应用不仅仅是为了迎合审美，更是为了在视觉上营造出与空间目标相符的氛围。因此，设计人员的任务不仅是熟练掌握色彩搭配的理论知识，更需要通过深入了解空间的特性和使用需求，灵活运用这些知识，创造出令人愉悦、和谐的室内环境。

四、公共阅读空间设计案例

（一）空间具有叙事功能

叙事学原本属于文学领域的研究范畴，如今逐渐扩展到艺术领域，尤其在室内设计中找到了新的应用。空间叙事作为一种结合时间、因果逻辑与同存性、共时性的表述方法，构建了一种"时空复合体"，成为室内设计中表达情感、传递信息的有力工具。

在室内设计中，空间叙事更倾向于通过勾勒事件、描绘现象等主题，以设计语言符号构建想象或情境空间。叙事的三个要素时间、地点、人物，在室内设计中对应着结构、场景、角色这三个关键要素。

结构在空间叙事中对应着路径设计，可以采用线性叙事，按照开端、发展、高潮、结尾的单个故事发展；也可以是平叙，多个故事在同一时间段内发生；还可以是环形叙事，首尾相连、结构互补。这样的结构设计使空间更具有引导性，让用户在体验过程中感知到时间的推移。

场景是人物行为发生的空间环境，在公共阅读空间的设计中，需要考虑边界、功能区域、节点等元素的相互连接，以创造出更具叙事性的氛围。

角色包括叙事者、聆听者和媒介。在阅读空间设计中，设计者扮演叙事者的角色，需要深刻理解整体故事，通过通俗易懂的结构编排，使读者作为聆听者能够理解空间所构建的故事。设计者通过书籍和衍生产品的展示，将空间打造成记录时间、诱发事件与理念述说的媒体。

使空间具有叙事功能有两种主要形式的研究。第一种形式是嵌入新故事，通过建筑语言的转换创造出新颖的空间环境，营造独特的氛围。如图 4-12，广东一滴水图书馆采用了从入口到室内空间的曲折路径设计，通过引导读者从暗厅到明亮的阅读区，展现了从求学之苦到学习之希望的线性叙事方式，达到了引导和营造氛围的目的。

在这样的设计中，叙事不再局限于文字或图像，而是通过空间的布局、形态和光影的变化，通过用户在空间中的行为和感知，呈现出丰富的故事内涵。这种空间叙事的设计方法为室内设计带来了更加丰富和立体的表达方式。

入口　　　　　　　玄关　　　　　　　暗厅　　　　　　　　阅读区

图 4-12　一滴水图书馆入口到阅读区由暗到亮的空间过渡

第二种形式是通过重现已有故事情节，将特殊的记忆碎片通过空间语言创建语汇，形成富有层次的空间环境。这样的设计方法能够构造历史、电影等故事精髓，使人们在空间中感受沉浸式的体验。通过全面的逻辑结构和完整的叙事性，提升人们对空间的理解度，激发怀旧情感，营造出富有趣味和情感共鸣的氛围。

墨西哥何塞·巴斯孔塞洛斯图书馆是一个典型的例子。如图 4-13 所示，设计师将两侧的书架以长条形建筑体量中心为轴，垂吊在天花板上，有秩序地将其堆叠穿插。这种设计呈现出超现实主义的氛围，使人联想到科幻场景，仿佛进入盗梦空间的梦境。在这个设计中，钢架结构和玻璃形成飘浮的多维空间，为人们创造了一种全新的阅读体验。

在图书馆中，人们可以自由穿梭在悬挂式书架的各层楼之间。绿蓝色的轻盈半透明走道投射出其他人的朦胧轮廓，与每一个小体块产生不同的互动感知。设计者通过百叶窗玻璃面板调节自然光，控制室内温度的同时将时间刻画在每一个书架上。这样的设计仿佛使空间具有势能，宛如一艘满载知识的航舰在时间的航道中穿行，营造出梦幻般的氛围。

这种通过空间设计来重现故事情节的方式，不仅提供了视觉上的新奇体验，更让人们在空间中感受到故事的深层内涵。这样的设计方法在室内设计中为叙事性的表达提供了更加丰富和多样化的可能性。

图4-13　墨西哥何塞·巴斯孔塞洛斯图书馆

（二）装饰具有象征意义

象征是一种超越表面特征的心理联系，通过物体的表征来体现更深层的内容，起到联系的媒介作用。这种联系包括其他物体、价值观念、思想、情感、事件等，通过较为委婉和含蓄的暗示，使人们能够感知到更为深刻的内涵。在人类历史的长河中，存在着形成内在关联的事物，通过观察这些物体，人们会联想到当时的情境，并结合自身的成长经历，感受其映射现象，创造出丰富的想象空间。通过符号化和象征性的室内装饰，可以以具体或抽象的形式表达潜在的含义，通过旁敲侧击唤醒情感，使人们逐渐获得认同感，引起共鸣。

图4-14所示为坪坦书屋，位于湖南怀化，采用了传统侗族木构技艺结合现代建筑设计的方法建造而成。书屋的天花板、墙壁、楼梯、地板等都运用了木材，利用侗族传统的干栏结构，赋予整个空间当地文化特色。通过这种设计手法，书屋将侗族文化的精髓融入空间的每一个角落，使人们在书屋内全身参与，领略到界面隐含的文化意义。这样的设计不仅使人们与侗族文化之间建立了深刻的联系，同时唤起了人们对传统文化的特殊情感。

图4-14　坪坦书屋

　　这个具有象征意义的装饰示范了如何通过空间设计来传递文化信息，将历史、传统、情感等元素融入空间之中。这种装饰不仅仅是对物理空间的点缀，更是一种对人心灵深处的呼唤，引导人们对特定文化进行思考和体验。通过这样的象征性装饰，人们在空间中能够感知到超越表面的内在价值，建立起对特定文化的认同感和共鸣。

（三）科技提供对话平台

　　首先，科技创新为公共阅读空间提供多样氛围营造的可能性。

　　随着科技的不断发展，大数据、互联网、人工智能等技术成为公共阅读空间氛围创造的关键因素。这些技术的深度融合赋予了空间更为广泛的可能性，使得公共阅读空间得以进一步智能化和个性化。

　　其次，科技将虚拟与实体融合，为人与空间提供对话平台。

　　通过运用手机服务软件、虚拟现实技术、增强现实技术等手段，公共阅读空间能够创造虚拟主题图书馆，使实体空间与虚拟环境深度互动。高质量的图像处理技术和动态技术使得阅读从传统的二维平面转变为更为立体、丰富的三维空间，为读者提供更为沉浸式的阅读体验。

　　再次，以深圳书城中心城为例，智能化技术营造炫目的科技氛围。

　　深圳书城中心城作为国内首个AI智慧书城，广泛应用现代化技术，创造炫目的科技氛围。动态互动终端设备和智能移动端小程序提供了多方面的便利，包括查询、购物、阅读、活动等。智能楼宇和智慧运营的建设不仅提升了服务者的生产效率，同时也提升了消费者的体验感与满足感。

　　最后，公共阅读空间中的智能互动元素丰富了人们的体验。

　　在深圳书城中心城，AI智慧互动屏通过个性化推荐书籍和手机AR导航方位，为读者提供了更为个性化的服务。智能机器人通过有趣的语音对话和互动，营造了更为活跃的氛围。LED大数据智慧屏和各广告屏通过震撼的画面感，丰富了人们的视觉体验。

科技的融合为公共阅读空间提供了前所未有的创新和可能性，使得空间不再仅仅是书籍的存放场所，更是一个智能、互动、个性化的对话平台，从而为人们提供更为丰富、深层次的阅读体验。

（四）场景具有沉浸式

首先，沉浸式体验为公共阅读空间注入深层次的情感与记忆。

体验心理学家米哈里·契克森米哈赖的研究表明，沉浸式体验能够使个体完全投入某种活动情境，将不相关的知觉过滤掉，产生一股兴奋和充实的情感流。这种心流体验或沉浸体验使人对实践过程有深刻的感知，同时引发相应的情绪，为阅读创造了更为丰富的体验。

其次，场景具有沉浸式体验的方法可分为实体搭建、暗喻构建和多媒体技术应用。

在武汉十点书店的沉浸式花园场景（图4-15）中，设计人员通过利用绿植、花卉等实体道具，结合木香、花香等元素，创造了一个仿佛身处花园中的场景。这种实体搭建方法丰富了人们的想象力和感官体验，强化了人与环境之间的联系。而上海云朵书店戏剧店通过非线性结构和戏剧化布局构建了沉浸式体验空间，营造了戏剧性的场景，如图4-16和图4-17所示。这种暗喻构建的方式通过戏剧元素激发人们的情感，使阅读成为一种享受。国家图书馆的沉浸式阅读体验区则运用了多媒体技术，如图4-18和图4-19所示，通过LED三折屏幕、VR设备等高新技术，创造了全景展厅和阅读树等虚拟场景，使人们能够在虚拟环境中深入感知、体验阅读。

图4-15　武汉十点书店沉浸式花园场景

图 4-16　云朵书店戏剧店图书区

图 4-17　云朵书店戏剧店咖啡区

图 4-18　"全景展厅"

图 4-19　"阅读树"

最后，沉浸式体验激发了人们对阅读的兴趣与渴望。

通过让人们沉浸于丰富多彩的场景中，公共阅读空间能够唤起人们的记忆，引发情感共鸣，使阅读行为不再是简单的知识获取，更成为一种沉浸式的体验。例如，深圳书城中心城运用智能技术，提供了更便捷的服务，激发了人们对阅读的兴趣。这种沉浸式体验的设计不仅使空间更具吸引力，同时提升了人们在阅读过程中的投入感，使阅读成为一种令人愉悦的活动。

（五）造型诱导心理活动

首先，氛围的模糊性能够潜移默化地影响人们的心理状态。

建筑大师彼得·卒姆托认为，空间应该诱导人们自由移动，创造一种漫步的环境，这种心境对人的心理活动有着深远的影响。通过巧妙的运动暗示，空间或物体的形式、状态能够产生一种拉力，影响人们的行为活动。暗示的方式可以是隔断阻挡、色彩过渡等，以引导人们在空间中的动态变化，使之感受到不同的情感和氛围。

其次，建筑环境的设计应该具有心理疏导的力量。

新加坡碧山公立图书馆（图 4-20）通过凸出的箱型空间，以及内部采用有色玻璃的细长有色小室，创造了趣味与私密并存的学习环境。这种设计通过巧妙的形式暗示，使人们在学习、阅读、小组讨论等私密活动中得以专注。斜坡路径的设计引导人们漫步到各层阅览空间，而大小不一的窗户则通过调节室外光线的引入，创造出错综复杂的光影与色彩效果，使空间充满生动有趣的氛围。

图 4-20　新加坡碧山公立图书馆　　　图 4-21　安徽霍山太阳乡书院图书馆接待区

最后，利用自然元素与生活痕迹的设计，使空间具有温馨的环境氛围。

安徽太阳乡书院的图书馆接待区（4-21）保留了原有灶台，并在展示台上摆放了与内部土墙颜色相似的盆栽，通过自然元素和生活痕迹的展示，为空间创造出温馨的氛围。墙壁上的抽象图画，由被烟熏成黑色并剥落的原始土墙及粉尘等元素构成，呈现出浓厚的水墨气息。这种设计方式通过不可控制的自然现象，使空间充满了生活的痕迹，引导人们在此空间中感受到安静的阅读氛围。

（六）色彩与光影统筹兼顾

首先，色彩在空间设计中扮演着重要的角色。

人们置身于某一空间时，色彩往往成为视觉焦点，直接激发心理联想，引起不同的情感体验。空间颜色不仅仅是表面颜色，更是渲染情感的媒介，能够强化人的行为和承受力。适当的配色不仅影响人们对环境的真实感受，还直接表达空间的情感和表现力。在设计中，正确运用色彩能够引导人们对空间产生积极的心理联想，使空间更富有生气和活力。

其次，光影的设计对空间氛围有着深远的影响。

光影的形状和色彩表现能够营造出更加富有情感的空间氛围。通过自然光和人工光的巧妙设计，可以制造出感知处境的效果，使光亮创造出在黑暗中自由运动的感觉。光需要实体的媒介才能被人看见，而透明的物体成为激活光的媒介，使得视觉和光的形而上学关系成为可能。通过光影，人们可以体验到空间的氛围，营造出一种令人心动的感觉。

最后，通过案例阐述，爱尔兰阿赛图书馆展示了色彩和光影的协同效应。

如图 4-22 所示，爱尔兰阿赛图书馆是一座由多米尼加教堂改造而成的建筑，保留了原有的曲面屋顶和彩色玻璃立面。这些彩色花窗玻璃将光线引入室内，不仅创造了多变的光照强度，还在墙壁上留下了绚丽的光影。这种五彩斑斓的效果将人们置身于一个多变、生动的世界中，为开放的空间增添了生机，创造了浪漫温馨的氛围。多彩和素色的家具进一步丰富了空间环境，为人们的阅读活动提供了舒适宜人的场所，引发人们的愉悦感。

图 4-22　爱尔兰阿赛图书馆室内环境

（七）感知系统渲染情绪

研究发现，人在与他人、环境互动时，情感容易相互感染，形成共鸣。人的情绪在接触其他个体或特定环境时，通过感知系统如视觉、听觉、触觉等，易于相互感染，产生相似或相同的感知体验，从而促进相应氛围的形成。公共阅读空间通过感官设计，创造情境，强化和丰富心理联想与感知效果，通过渲染情绪，不断扩充和弥漫表达的情感氛围，引导顺利的阅读活动。

法国敦刻尔克媒体图书馆是一个感知性景观图书馆，设计师创造了多样的情境，以满足用户的不同需求。

如图 4-23 所示，在这个空间中，白色与绿色的对比，大型阶梯与曲线地毯的设计表达，为空间注入了动感，呈现一种不可见的力量在影响着人们的情感。在视觉上，欢快的色彩和照明灯光创造了清新淡雅的氛围，激发了舒适感；在听觉上，室内的安静或间歇的翻书声使人专注于阅读学习，而咖啡馆和活动区域则激发了互动需求。如图 4-24，在触觉上，梯田式可坐台阶和景观式地毯的特殊触感与其他阅读空间的材质有所不同；在嗅觉上，书香和咖啡香氛围中，人们沉浸于书海之中，感受着丰富的氛围。通过多重感官的交互体验，图书馆的室内环境激发了人们享受阅读活动的欲望。

图 4-23　法国敦刻尔克媒体图书馆阅读区　　图 4-24　法国敦刻尔克媒体图书馆咖啡区

第五章　室内设计的趋势

第一节　环保与可持续发展

一、环保材料与能源利用

（一）可持续材料的应用

在建筑设计和施工中，材料的选择是关键的环保决策之一。采用可持续材料是迈向绿色建筑的重要步骤。例如，可再生木材、再生金属、可降解材料等的广泛应用，有助于减少对自然资源的依赖，减少对生态系统的影响。此外，环保玻璃、水泥等新型建筑材料的研发和使用也在不断推动建筑业的可持续发展。

（二）能源效益与再生能源的整合

在建筑领域，能源的合理利用和再生能源的整合是实现环保目标的重要方面。通过采用高效隔热材料、太阳能电池板、风力发电等技术，建筑可以更有效地利用能源，减少对传统能源的依赖。研究探索建筑中能源系统的优化配置，以实现能源的最大化利用，成为可持续建筑发展的关键领域之一。

（三）建筑废弃物的循环利用

在建筑工程中产生的废弃物的处理也是环保的一个关键考量。采用循环利用和再生技术，可以减少对自然资源的开采，降低建筑工程对环境的负面影响。废弃物的分类、回收和再利用系统的建立，是实现建筑行业可持续发展的必要手段之一。

二、环保设计与社会认知

（一）生态设计的理念

生态设计的理念强调通过模仿自然系统的原则来进行建筑设计，实现人类与自然的和谐共生。通过生态设计，可以最大限度地减少对环境的干扰，创造更加可持续的建筑环境。这包括但不限于建筑的布局、材料的选择、能源的利用等方面。

（二）社会认知与绿色建筑教育

社会认知在推动可持续建筑发展中起着至关重要的作用。通过绿色建筑教育，可以提高公众对环保的认知水平，激发他们对可持续发展的支持。建筑师、设计师和决策者的培训也至关重要，以确保他们在设计和决策中充分考虑环保和可持续性。

（三）绿色建筑认证与标准

各国纷纷制定绿色建筑认证标准，以规范和鼓励建筑业采用环保和可持续的设计与建造方法。通过认证体系，可以为建筑业提供明确的指导，激励各方在建筑过程中采用更加环保的做法。这种标准的建立和推广，推动了绿色建筑的发展。

第二节　人性化设计

一、人性化空间与情感连接

（一）空间设计的情感引导

1. 情感感知与空间设计

人性化设计注重将情感需求融入空间设计，通过空间元素的巧妙运用引导人们产生特定的情感体验。对于不同类型的场所，设计师需要考虑用户的情感需求，创造出能够引发愉悦、安心或者激发创造力等情感的设计。

（1）色彩与情感

色彩在空间设计中扮演着重要的角色，不同的颜色能够唤起人们不同的情感反应。温暖的色调如橙色和红色常常被用于创造温馨和热情的氛围，而冷静的蓝色和绿色则常被运用于创造安静和宁静的感觉。

（2）光影设计的情感表达

光影的运用能够在空间中创造出戏剧性的效果，影响人们的情感体验。通过合理设置光源的位置和强度，设计师可以引导人们的视线，创造出温柔、浪漫或者神秘的氛围。

2. 情感导向的功能性设计

（1）医疗空间的情感设计

在医疗空间中，情感导向的设计能够对患者的心理产生积极影响。使用柔和的色彩、符合人体工程学的家具以及提供宁静的环境，都有助于患者放松心情，促进康复过程。

（2）商业空间的情感引导

商业空间需要考虑引导顾客情感以促使购买行为。例如，通过音乐、香氛等元素的设计，创造轻松、愉悦的购物氛围，激发顾客的购买欲望。

（二）人性化元素的融入

1. 空间布局与人性化

（1）公共图书馆的阅览空间设计

人性化设计在公共图书馆的阅读空间中得到了广泛应用。通过合理设置阅读区域，提供符合人体工程学的座椅以及充足的照明，设计师为读者创造了一个舒适、安静的学习环境，满足了阅读的情感需求。

（2）私人住宅的个性化设计

在私人住宅设计中，人性化元素的融入更为个性化。设计师可以根据业主的喜好、生活方式，打造出独特而具有情感共鸣的居住空间。例如，通过定制家具、选择特定材料等方式，为居住者创造一个真正属于他们的温馨之地。

2. 情感与记忆的联结

（1）艺术品与空间设计

将艺术品融入空间设计是一种常见的情感与记忆联结的手段。艺术品不仅可以提升空间的审美价值，更能够唤起人们对于特定情感或记忆的联想。通过选择与主题相符的艺术品，设计师在空间中创造了一种独特的情感体验。

（2）建筑结构的独特设计

建筑结构的独特性往往也与情感和记忆的联结息息相关。一些建筑通过独特的外形或结构设计，成为城市地标，不仅给人留下深刻的印象，更通过其独特性引发人们的情感共鸣。

二、无障碍设计与包容性

（一）无障碍设计的原则

1. 平等原则

无障碍设计旨在创造一个对所有人都具有平等可访问性的空间，无论其身体或认知能力如何。平等原则强调建筑和产品的设计应当，为每个个体提供平等的使用权。

在建筑设计中，采用平面坡道和无障碍电梯，确保轮椅使用者能够便捷地进入不同楼层，实现了平等的使用权。

2. 灵活性原则

（1）定义与解释

无障碍设计需要考虑到不同个体的差异性需求。灵活性原则要求设计具有足够的灵活性，以适应各种不同个体的能力和需求。

（2）应用实例

在公共交通工具中，采用可调节的座椅和扶手，以适应不同身高和体型的乘客，提高了公共交通的包容性。

3. 简单与直观原则

（1）定义与解释

简单与直观原则强调设计应当简单易懂，使用户能够轻松理解和使用，避免复杂的操作和混淆的标识，提高可访问性。

（2）应用实例

在无障碍厕所中，采用大而清晰的标识和简化的操作按钮，确保所有使用者都能够轻松理解和使用。

（二）多感官体验的考虑

1. 视觉和听觉融合设计

（1）视觉辅助导览系统

为满足视觉障碍者的需求，引入视觉辅助导览系统，通过语音提示、触摸反馈等方式提供信息，使其能够更好地理解和感知周围环境。

在公共场所设置语音导览系统，通过声音引导用户识别建筑物、设施位置，提高空间的可访问性。

（2）多感官融合的艺术装置

在设计中融入多感官体验的艺术装置，通过结合视觉、听觉、触觉等感官，创造更加丰富的空间体验。

在博物馆或展览空间中，设计师可以结合视觉艺术、音效和触觉体验，使参观者在感知艺术品的同时，通过多感官的互动感受到更加丰富的艺术氛围。

2. 包容性的社会设计

无障碍设计的目标不仅仅是提供设施和服务，更是通过激发社会对边缘群体的认知，促使社会更加包容和理解边缘群体。在实现这一目标的过程中，开展无障碍设计的宣传活动与教育课程起着至关重要的作用。这不仅有助于提高社会对残障人士需求的认知，还可以推动社会更加包容和公正。

（1）宣传活动的重要性

目前社会对于残障人士的认知普遍存在差异，一些人可能对残障人士的需求和挑战缺乏深刻的了解。这种认知落差导致了在公共场所和设施设计中存在一定的局限性，使得一些人难以融入社会主流。为了缩小这种认知落差，需要开展有针对性的宣传活动。这些活动不仅可以通过媒体、社交平台等渠道传播无障碍设计理念，还可以通过组织展览、座谈会等形式深入人心。通过宣传，社会大众能够更全面地了解残疾人士的生活和需求，从而形成对包容型社会设计的共识。

（2）教育课程的必要性

在实现包容型社会设计的过程中，设计师和决策者发挥着关键的作用。因此，他们需要接受相关的教育，深入了解无障碍设计原则和方法。现有的建筑设计和规划教育中，对无障碍设计的覆盖率相对较低，有必要通过专门的教育课程弥补这一不足。除了专业人士，公众也应该接受有关无障碍设计的教育。通过学校、社区等场合的教育课程，向更多人传递无障碍设计的知识，培养大众的包容性思维。这有助于形成广泛的包容性观念，推动社会朝着更加平等和融合的方向发展。

（3）教育与宣传的融合

宣传活动和教育课程并非孤立存在，而是可以相互支撑、相互促进的。通过在宣传活动中引入教育元素，可以使受众更深入地理解无障碍设计的理念。反之，通过宣传活动的案例分析，也可以为教育课程提供更为生动和实际的教材。

在数字化时代，多渠道传播是非常重要的。可以通过建立专门的网站、社交媒体账号等，将相关的宣传资料和教育资源呈现给更广泛的受众。这种多渠道的传播方式有助于提高信息的覆盖率，让更多人参与到包容型社会设计的推动中来。

通过开展宣传活动和教育课程，可以在社会层面上建立对于无障碍设计的共识，推动社会更加包容和理解。这需要政府、学校、社区以及设计机构的共同努力，形成全社会的共识。通过这一过程，我们可以期待未来建筑和社会设施更加注重人性化设计，真正实现对每个人的平等关怀。

第三节 科技与数字化

一、虚拟现实与增强现实应用

（一）虚拟现实的应用

1. 虚拟旅游体验

虚拟现实技术为用户提供了一种身临其境的体验，尤其在旅游领域，它为人们提供了在现实中无法轻松实现的旅游体验。通过戴上 VR 眼镜，用户可以仿佛置身于世界各地的名胜古迹中，感受到真实的旅游感觉。

（1）文化遗产的虚拟还原

利用虚拟现实技术，对世界各地的文化遗产进行数字化还原，让用户可以在虚拟环境中游览古老的城市，探索历史悠久的建筑。

（2）实时虚拟导

通过整合实时数据和虚拟导游技术，用户可以选择不同的导游角色，获得有趣而生动的解说，提高旅游的趣味性和教育性。

（3）虚拟旅游社交平台

创建虚拟旅游社交平台，让用户可以在虚拟空间中与其他游客互动，分享旅游体验，增加社交元素。

2. 教育与培训

虚拟现实在教育领域的应用为学生提供了一种全新的学习方式。通过虚拟场景的沉浸式学习，学生能够更好地理解抽象概念，激发学习兴趣，提高学习效果。

（1）沉浸式学科教学

在学科教学中，虚拟现实可以模拟实际场景，如在化学课程中进行实验、在历史课程中体验历史事件，使学科知识更加直观易懂。

（2）虚拟实境实习

为医学、工程等专业提供虚拟实境实习，让学生在模拟环境中进行实践操作，提前适应实际工作场景。

（3）远程教育

虚拟现实技术支持下的远程教育使得学生可以通过虚拟空间参与在线课程，突破地域限制，获得更广泛的学习资源。

（二）增强现实的应用

1. 增强零售体验

AR 技术可以通过在实体店面中叠加虚拟信息，提供更加丰富的购物体验。顾客可以通过手机或 AR 眼镜查看商品的详细信息、试穿虚拟衣物等，增加购物的趣味性和便捷性。

2. AR 导航

首先，随着科技的飞速发展，增强现实技术在城市导航领域的应用正逐渐崭露头角。这项技术利用计算机生成的虚拟信息与用户的真实环境相结合，为用户提供更丰富、实用的导航体验。在城市导航中，AR 技术的应用为游客、步行者等在陌生环境中提供了更为便捷、直观的导航服务。

其次，AR 导航技术通过叠加导航信息，可以在用户的视野中有效地指引用户行走方向，从而提高了导航的效率。相较于传统导航方式，AR 导航不仅可以在地图上显示路径，还能通过实时图像显示街道、建筑物等环境特征，使用户更容易辨认和理解导航信息。这对于陌生城市的游客而言，尤其是那些不熟悉当地地理环境的步行者，具有显著的实用价值。

再次，AR 导航技术的优势在于其对用户体验的积极影响。通过将导航信息直观地叠加在现实世界中，用户可以更自然地融入导航过程，减少对手机或其他导航设备的过度依赖。这种自然而直观的导航方式不仅提高了用户的舒适度，还减少了用户在行走过程中的分心现象，有助于提高行走的安全性。

最后，AR 导航技术的未来发展潜力不可忽视。随着传感器技术、图像识别算法等方面的不断进步，AR 导航系统将更加精准、智能。此外，随着 5G 技术的普及，AR 导航在实时信息更新、高清图像传输等方面将迎来更大的突破。这些技术的不断创新将使 AR 导航在城市环境中的应用更为广泛，也将为城市规划、交通管理等领域带来新的思路和解决方案。

增强现实导航技术在城市环境中的应用为用户提供了更为便捷、直观的导航服务，其在提高导航效率、优化用户体验以及未来发展方向等方面展现出巨大的潜力。随着技术的不断演进，AR 导航将成为城市生活中不可或缺的一部分，为人们的出行带来更加智能、高效的选择。

二、数字化工具与设计流程

（一）数字化设计工具

1. CAD

CAD 软件在建筑、工程和产品设计中得到广泛应用。它允许设计师通过计算机生成和修改设计图纸，提高设计的准确性和效率。

2. 数字绘画工具

数字绘画软件如 Adobe Photoshop、Corel Painter 等为艺术家提供了创作的数字平台。通过这些工具，艺术家可以在计算机上进行绘画、涂鸦，实现创作的数字化和无限的创意可能性。

（二）数字化设计流程

1. 设计思维与原型制作

数字化设计流程强调设计思维的应用。通过使用原型设计工具，设计师可以更快速地制作和验证设计概念，降低设计修改的成本。

2. 数据分析与优化

数字化工具使得设计师能够更好地收集和分析设计过程中产生的数据。通过数据分析，设计团队可以了解用户的需求，优化设计方案，提高设计的质量和用户满意度。

第四节　可访问性设计

一、可访问性设计原则

可访问性设计是一种追求使产品、服务、环境对于所有人都具有可接近性和可理解性的设计理念。其核心目标是确保所有用户，包括老年人、残疾人和其他特殊群体，都能够方便、安全、有效地使用和获取设计的产品或服务。以下是可访问性设计的一些基本原则：

（一）灵活性与简单性

1.考虑用户多样性

（1）用户多样性的背景与需求分析

在可访问性设计中，理解和考虑用户的多样性是确保设计迎合各种需求的基础。用户多样性涵盖了各种能力水平和需求，其中老年人、残疾人以及其他特殊群体的需求尤为重要。

老年人在视力、听力、运动协调等方面可能存在挑战。因此，在设计中需要考虑到大字体、高对比度、简单的图标等元素，以满足老年用户的需求。

不同残疾类型的用户有各自独特的需求。例如，视觉障碍者可能需要依赖屏幕阅读器，而运动障碍者可能更依赖声控或特殊的交互方式。设计师需要考虑到这些差异性，使得产品或服务对于所有残疾人都是可访问的。

（2）灵活性的硬件与软件层面

硬件层面的灵活性体现在设备的适应性上。不同用户使用不同类型的设备，如手机、平板电脑、计算机等。设计师需要确保他们的设计在多种设备上都能够良好运行，而不损害用户体验。软件层面的灵活性则关注操作系统的差异性和用户界面的适应性。不同操作系统和用户界面的用户应该能够享受到相似的、易于理解和操作的体验。

2.设计得简单易懂

（1）简单易懂的界面设计

为了确保所有用户都能轻松使用产品或服务，设计应该注重简单易懂的界面设计。简洁的布局、清晰的导航和直观的操作流程是可访问性设计中不可或缺的组成部分。过度复杂的设计可能使得用户迷失在烦琐的操作步骤中，对于一些用户而言，这可能成为使用障碍。

（2）避免专业术语和复杂功能

为了确保产品的易用性，设计中应避免使用过多的专业术语和复杂的功能。这对于不熟悉特定行业术语或不具备高级技术技能的用户而言尤为重要。简单的表达和易于理解的功能命名将有助于降低用户学习成本，提高产品的可用性。

（3）用户反馈与引导

在设计中，提供明确的用户反馈和引导也是简单易懂的关键因素。当用户执行某个操作时，及时的反馈可以告知用户他们的操作是否成功，而引导则能够帮助用户更好地理解产品的功能和使用方式。

（二）策略性的可理解性

首先，策略性的可理解性在可访问性设计中扮演着关键的角色。这一理念强调在信息传递过程中确保清晰、明了和一致性，以使用户能够轻松理解所呈现的内容。在设计阶段，需要综合考虑用户的语言能力、文化背景等因素，以防止信息表达方式引起理解上的困难。

其次，可访问性设计要求文字、图标、标识等元素以用户易于理解的方式呈现。文字应具备丰富的专业性，确保内容既充实又有学术价值。在考虑用户语言能力时，设计师应选择适当的词汇和表达方式，避免过于专业的术语的使用，以确保广泛受众的理解。

再次，设计者需对文化背景有敏感性，以确保信息的传递不受文化差异的干扰。这可能涉及选择符合多元文化的图标、颜色以及避免特定文化背景的隐含偏见。通过深入研究和了解用户的文化差异，设计可以更好地适应不同群体的需求，提高信息的可理解性。

最后，设计过程中需要遵循一贯性原则，确保不同部分之间、不同页面之间的信息传递方式保持一致。这有助于用户建立对系统的稳定认知，降低学习曲线。同时，通过合理的信息组织和界面布局，设计者可以提高用户对整体系统结构的理解，从而提升可访问性。

综合来看，策略性的可理解性是可访问性设计的核心要素。通过考虑语言、文化等多方面因素，以及确保信息传递的一致性和清晰性，设计者可以创造出更具有专业性和学术价值的可访问性体验。这一理念不仅有助于满足广泛用户的需求，还为用户提供了更加愉悦和高效的使用体验。

（三）对话与互动的适应性

首先，对话与互动的适应性在可访问性设计中扮演着至关重要的角色。这一要求强调设计应当考虑到不同用户的需求，确保交互方式的多样性以满足用户的个性化体验。对话和互动作为用户与系统之间的纽带，其适应性直接关系到用户的舒适感和参与感。

其次，可访问性设计需要充分考虑不同的交互方式，包括语音、触摸、键盘等多种形式。语音交互对于视觉障碍者而言可能是一种更为友好的选择，因为他们可以通过语音指令与系统进行有效的沟通。同时，对于其他群体，如运动受限者或手部功能有障碍的用户，触摸或键盘交互可能更为便利。

再次，设计者需要关注用户的环境差异，以确保对话和互动在各种条件下都能够顺畅进行。这包括考虑嘈杂环境中的语音识别、触摸屏在不同光照条件下的可见性等问题，通过优化对话界面和互动元素的设计，可以提高其在各种使用环境下的适应性，使得用户无论身处何地都能够方便地与系统进行交流。

最后，对话与互动的适应性还需要考虑用户的技能水平和习惯。有些用户可能更擅长使用语音，而另一些用户可能更喜欢使用触摸屏或键盘。设计师应当提供灵活的选项，允许用户选择最符合其个人偏好和需求的交互方式。这种个性化的适应性设计有助于提高用户满意度，使得系统更贴近用户的期望。

对话与互动的适应性是可访问性设计的重要方面，需要综合考虑不同用户群体的需求和特点。通过提供多样化的交互方式、考虑环境因素并充分尊重用户的个人偏好，设计者可以创造出更具有专业性和学术价值的可访问性体验，使得用户能够更自如地与系统进行沟通和互动。

（四）具体设计要点

1. 字体与颜色搭配

（1）色盲友好的设计

考虑到色盲用户的存在，设计师需要选择适宜的颜色搭配，确保在不同背景下有足够的对比度。采用高度对比的颜色组合，如黑白、蓝黄，有助于提升可访问性。使用辅助标识，如图标或文字提示，以便色盲用户能够正确理解信息。

（2）字体选择与易读性

字体的选择直接关系到用户的阅读体验。采用清晰、简洁的字体，并确保在不同大小和分辨率的屏幕上都能够清晰显示。此外，避免使用过于花哨的字体，以保障易读性，特别是对于视觉障碍或老年用户。

（3）可调整的字体设置

为满足不同用户的阅读需求，设计应支持字体大小的调整。提供用户界面上的字体大小选项，以让用户根据个人偏好进行调整。这种可调整性有助于适应不同年龄层和视力水平的用户，增强可访问性。

2. 足够的对比度

（1）对比度标准的设定

确定合适的对比度标准对于用户能够清晰辨认界面上的元素至关重要。参考国际通用的对比度标准，如 WCAG（Web Content Accessibility Guidelines）的要求，确保设计达到最低对比度要求，特别是对于文本和背景之间的对比。

（2）高对比度模式

为了更好地适应不同用户的需求，设计师可以考虑引入高对比度模式。这允许用户在需要时切换至更强烈的对比度，提升界面元素的可见性，对于低视力用户尤为重要。

3. 易读的文本格式

（1）字号和行间距的优化

可访问性设计要求关注文本格式，包括字号和行间距的设置。合适的字号和行间距可以提高文本的可读性，减轻用户的阅读负担。通过提供调整选项，使用户可以根据个人喜好和需要进行调整。

（2）文本颜色的合理搭配

文本颜色的选择也应考虑到背景颜色，以确保足够的对比度。避免使用过于艳丽或对比度较低的颜色组合，确保文本清晰可辨，特别是在不同光照条件下。

4. 大按钮设计

（1）适应移动设备的按钮尺寸

在移动应用或网页设计中，按钮的大小直接关系到用户的操作体验。为提高可用性，设计师应采用足够大的按钮尺寸，以降低误触发的概率。确保按钮的点击区域足够大，适应不同用户的手部协调能力。

（2）触摸区域的考虑

除了按钮的实际大小，还需考虑按钮的触摸区域。通过扩大按钮的触摸区域，设计师可以提高用户的触摸精度，减少误触发。这对于有手部协调障碍的用户尤为关键。

通过综合考虑以上设计要点，可访问性设计可以更好地满足不同用户群体的需求，提升用户体验，实现信息的广泛传达和共享。这些设计策略既有实际可操作性，又具备学术价值，为可访问性设计领域的研究和实践提供了有力的支持。

二、智能技术与可访问性

（一）智能技术的应用

1. 人工智能与机器学习在可访问性设计中的作用

随着人工智能技术的蓬勃发展，其在可访问型设计中的应用越发引人瞩目，首要的作用在于通过智能算法对用户行为和偏好进行分析，为设计师提供深入洞察，从而更好地理解用户的需求。这种深度理解为个性化体验的实现奠定了基础，为用户提供更为智能、便捷的界面和功能。

其次，机器学习在用户体验个性化方面具有一定贡献。机器学习在可访问性设计中的应用主要体现在对用户习惯的分析与学习。通过对用户在系统中的操作进行监测和学习，机器学习算法可以不断优化用户体验。设计师可以通过这些算法获得关键的用户行为数据，了解用户的偏好、频率以及习惯性操作，从而智能地调整界面布局、按钮位置等元素，以更好地满足用户的需求。

再次，智能算法能为用户提供实时用户反馈与系统优化。智能技术的应用不仅仅在于分析用户的历史数据，还在于实时地为用户提供反馈。通过实时监测用户的交互过程，智能算法可以迅速识别潜在的问题并提供实时的反馈和建议。这种实时的用户反馈机制有助于设计师及时了解用户的需求，优化系统，提高可访问性。

最后，人工智能提供数据驱动的可访问性设计。在可访问性设计中，数据是宝贵的资源。人工智能通过大数据分析，可以深入挖掘用户的行为模式和使用偏好。通过数据驱动的设计方法，设计师可以更精准地预测用户的需求，制定更符合用户期望的设计策略。这种基于数据的设计方法为可访问性设计提供了更为科学和客观的指导，使设计更加贴近用户实际需求。

人工智能和机器学习在可访问性设计中的作用不仅仅是提供更个性化的体验，更是通过实时反馈和数据分析推动系统的不断优化。这种技术的应用，使得设计更加智能、贴近用户，为不同需求的用户提供更加友好和高效的界面与功能。这不仅是技术的发展，更是对用户体验的深刻关注和不断改进。

2. 智能反馈与用户体验优化

首先，智能反馈具有实时性，并提升用户感知。智能反馈在用户体验优化中的首要作用在于其实时性。通过实时监测用户的操作数据，系统能够即时识别用户可能遇到的问题，并提供针对性的智能反馈。这种即时性不仅有助于用户快速解决问题，也提高了用户对系统响应速度的感知，进而提升了整体可访问性体验。

其次，智能反馈可以实现操作数据的收集与分析。实现智能反馈离不开对用户操作数据的收集和深度分析。首先，系统需要收集用户在系统中的各类操作数据，如点击、滑动、输入等。其次，通过机器学习算法对这些数据进行分析，系统可以识别用户行为的模式，发现可能的问题点。这种基于数据的分析方法为智能反馈提供了有力支持，使得反馈更加准确和有效。

再次，智能反馈可以促进问题识别与用户体验改进。通过分析用户的操作数据，系统可以智能地识别出潜在的问题，例如用户在某一界面频繁操作，或者长时间停留在某一步骤等。智能反馈可以直接指向这些问题，为用户提供解决问题的建议或者操作指导。这种问题识别与用户体验改进的循环过程，使得系统能够持续优化，逐步提高可访问性。

最后，智能反馈可以促进用户学习与适应系统。智能反馈不仅在于解决问题，更在于帮助用户学习和适应系统。通过及时的反馈和建议，用户可以更迅速地理解系统的操作逻辑，提高操作效率。而系统通过不断学习用户的反馈，逐渐适应用户的习惯，提供更加个性化的服务。这种用户学习与系统适应性的相互促进，使得用户与系统之间的交互更为流畅、自然。

在智能反馈的设计中，还需要考虑用户的心理感受和情感反馈。通过合理设计反馈的语言和形式，使用户感到被理解和关心，有助于提高用户对系统的信任感和满意度。这种情感层面的反馈设计，不仅提高了用户体验的整体品质，也为系统与用户之间建立了更为良好的互动关系。

智能反馈通过实时性、数据分析、问题识别、用户学习与系统适用性等方面的优势，为用户提供了更为贴心和个性化的体验。这种反馈机制的应用，不仅促进了用户问题的解决，更提高了用户对系统的满意度和忠诚度，为可访问性设计注入了更为智能和人性化的元素。

3. 数据驱动的界面设计

数据驱动的界面设计是建立在大量用户数据的基础上的设计方法。首先，通过机器学习算法，设计师可以对用户的操作行为、偏好以及使用习惯进行深度分析。这些数据不仅包括用户在界面上的点击、滑动等行为，还可以涵盖用户的停留时间、频次等方面的信息。通过对这些数据的综合分析，设计师能够全面了解用户群体的多样性，为后续的界面设计提供有力支持。

其次，机器学习算法可以加深对用户群体多样性的分析与理解。数据驱动设计的关键在于对用户群体多样性的准确分析和深刻理解。通过机器学习算法，设计师可以识别出不同用户群体之间的行为差异，包括不同年龄层、文化背景、技能水平等因素导致的不同操作习惯。这种深入分析有助于挖掘用户群体的共性和个性，为定制化的设计提供指导。

再次，机器学习算法可以预测用户需求，优化界面元素。通过对用户数据的分析，机器学习算法可以预测用户的需求，提前识别用户可能关注的内容和功能。这种预测性的设计方法使得设计师能够在用户需求产生之前就做出相应的界面优化。例如，对于一个阅读应用，系统可以通过学习用户的阅读历史，提前准备相关的推荐文章，从而提高用户体验的个性化水平。

最后，数据驱动的界面设计可以提升整体可访问性。通过数据驱动的界面设计，设计师可以更准确地优化界面布局、字体大小、颜色搭配等设计要素，从而提高整体可访问性。例如，通过分析用户对不同颜色对比度的偏好，设计师可以调整界面颜色搭配，使得信息更为清晰易读。通过了解用户对字体大小的需求，设计师可以调整字体设置，提升用户的阅读体验。这种数据驱动的设计方法是在深刻理解用户需求的基础上进行的，因此更具有实用性和用户导向性。

数据驱动的界面设计不仅仅是对用户行为的简单记录和统计，更是通过机器学习算法对数据进行深度挖掘和分析，为设计师提供了更为精准的用户信息。这种设计方法不仅在个性化体验上具有优势，更在整体可访问性的提升上发挥了重要作用。通过不断优化界面设计，满足用户的多样化需求，数据驱动的设计方法成为当今可访问性设计领域的重要发展方向。

（二）语音识别与生成

1. 语音识别技术的可访问性优势

语音识别技术是一种将语音信号转化为文字的技术，其基本原理是通过机器学习算法对语音信号进行分析和模式识别。首先，系统会采集大量的语音数据用于训练，随后通过深度学习等技术建立模型。这个模型能够识别不同语音信号的特征，并将其转化为对应的文字。语音识别技术的发展历程经历了从规则驱动到数据驱动、从传统模型到深度学习模型的演变，取得了巨大的进步。

其次，语音识别在可访问性设计中的关键优势。语音识别技术为视觉障碍者提供了独立自主的交互方式。通过简单的语音指令，他们可以完成复杂的任务，如搜索信息、发送消息、控制设备等。这种自主性不仅提高了用户的生活质量，也促进了他们在社交、学习和工作等方面的参与度。对于视觉障碍者而言，语音识别技术不仅是一种交互方式，更是一种信息获取途径的拓宽。通过语音搜索和语音阅读，用户可以轻松获取互联网上的各类信息，包括新闻、百科知识等，这为他们提供了更全面、便捷的信息获取体验。

再次，语音识别技术应用领域广泛。语音识别技术在导航和定位领域有着广泛的应用。通过语音导航，视觉障碍者能够获取实时的导航信息，帮助他们规划行进路线，识别周围环境，提高室内和室外导航的自主性。语音识别技术还被广泛应用于语音助手和智能家居系统。通过语音指令，用户可以实现对智能设备的控制，如调节温度、播放音乐等。这为视觉障碍者提供更便捷、灵活的家居体验，提高了生活的便利性。

最后，语音识别技术面临一些挑战，未来还需进一步优化。尽管语音识别技术取得了巨大的进步，但仍然存在一些挑战。其中之一是提高识别的精准性，特别是在复杂语境和多人交互的环境下。此外，多语言支持也是一个重要的方向，以确保语音识别技术在全球范围内能够更好地服务用户。随着语音识别技术的普及，隐私和安全性成为不可忽视的问题。用户的语音数据需要得到妥善处理和保护，防止被滥用或泄露。未来的发展方向之一是加强语音识别系统的隐私保护机制，确保用户的语音数据得到安全的妥善管理。随着技术的进步，对语音识别用户体验的进一步优化成为一个重要的方向，包括更自然的交互方式、更快速的响应速度、更精准的语音理解等方面都需要不断改进，以确保用户体验的无缝性和高效性。

2. 语音生成技术的听觉辅助作用

首先，语音生成技术作为一种听觉辅助工具，在提高听觉障碍者信息获取途径方面具有显著的作用。通过将文本信息转化为自然流畅的合成语音，这项技术为听觉障碍者打开了全新的信息通道。无论是在线阅读、学术论文还是日常新闻，语音生成技术能够将这些文字信息直观地呈现为声音，使得听觉障碍者能够更全面、深入地了解世界。

其次，语音生成技术的专业性体现在其高度自动化和智能化的特点。这项技术通过深度学习和自然语言处理技术，能够准确捕捉语言的语调、节奏和语气，使得合成语音更加贴近自然人的表达方式。这种专业性不仅提升了合成语音的可懂度，还提高了用户体验，使得听觉障碍者能够更轻松地获取并理解信息。

再次，语音生成技术通过扩大信息获取途径，促进了社会的包容性。听觉障碍者在过去可能因为缺乏合适的工具而受限于信息获取，而语音生成技术的普及改变了这一格局。无论是在学校、工作场所还是社交场合，听觉障碍者都能够更加自如地参与到信息交流中，增进与社会的互动。

最后，语音生成技术在提高信息可访问性方面具有深远的社会意义。通过将文字内容转化为语音，该技术不仅仅是满足听觉障碍者获取信息的需求，同时也为其他人群，如老年人或者那些处于无法专注阅读状态的个体，提供了更为便捷的信息获取方式。这种全面提升的信息可访问性有助于构建一个更加包容和多元化的社会。

语音生成技术的听觉辅助作用不仅仅局限于提供一种新的信息获取途径，更体现在其高度专业、智能的特性，促进社会包容性的作用，以及对整个社会信息可访问性的深远影响。这一技术为听觉障碍者赋予了更多的机会参与社会生活，同时也为社会的发展注入了更为广泛、开放的力量。

（三）视觉辅助技术

1. 虚拟现实的感知拓展

首先，虚拟现实技术在感知拓展方面为视觉障碍者创造了全新的体验。通过戴上虚拟现实设备，用户可以进入一个全新的数字化世界，利用触觉和听觉等方式感知虚拟空间中的信息。这不仅为视觉障碍者提供了一种沉浸式的感知体验，同时也为他们打开了以前无法触及的感官通道。

其次，虚拟现实技术在导航方面发挥着独特而重要的作用。对于视觉障碍者而言，常规的导航可能存在一系列困难，而虚拟现实技术通过模拟真实场景，使用户能够通过触觉和听觉来感知周围环境，实现更为精准、直观的导航。这对于增加视觉障碍者的出行独立性，提高其生活质量具有积极的社会影响。

再次，虚拟现实技术在虚拟学习领域的应用为视觉障碍者提供了独特的学习体验。传统的学习方式可能受制于纸质教材或电子屏幕，而虚拟现实技术通过创造虚拟场景，使得用户能够通过触摸、听觉等感官更全面地理解学科内容。这种互动性和沉浸感不仅丰富了学习体验，同时也为视觉障碍者提供了更为平等的学习机会。

最后，虚拟现实技术通过提升用户的空间感知能力，进一步拓宽了信息获取的途径。通过模拟真实世界，虚拟现实不仅提供了视觉障碍者感知环境的机会，还让他们能够更好地理解物体的空间位置和相互关系。这对于日常生活中的活动，如室内导航、物品辨认等，都具有显著的帮助作用，提高了他们在空间中的独立性。

总的来说，虚拟现实技术在感知拓展方面为视觉障碍者创造了更为丰富、直观的体验。从导航到虚拟学习，再到空间认知，这项技术在多个领域为视觉障碍者提供了更多的机会和可能性，进一步促进了社会对于无障碍科技的关注和投入。这种专注于提升感知体验的技术创新不仅提高了视觉障碍者的生活质量，也为构建更为包容和平等的信息社会奠定了坚实的基础。

2. 增强现实的实时辅助

首先，增强现实技术的实时辅助为视觉障碍者提供了革命性的体验。通过 AR 眼镜等设备，数字信息能够实时叠加到用户的真实视野中，为他们提供环境中物体的相关信息。这种实时辅助的应用使得视觉障碍者在日常生活中能够更加准确、即时地理解周围环境，提高了他们的生活质量。

其次，AR 技术的实时识别和辅助在移动与导航方面具有显著的优势。通过 AR 眼镜，系统可以识别用户周围的道路、建筑物、标志等，并将相关信息实时叠加到视野中。这为视觉障碍者提供了更为直观的导航体验，使得他们能够更加自信和独立地移动于未知环境中，减少了日常生活中的障碍和困扰。

再次，AR 技术在社交互动中的实时辅助也为视觉障碍者创造了新的可能性。通过 AR 眼镜，用户可以在社交场合中获得与他人互动所需的关键信息，例如对方的表情、身份等。

这有助于打破社交障碍，使得视觉障碍者能够更加自如地参与社会生活，促进社会的包容性。

最后，AR技术的实时辅助还在工作和学习环境中发挥了重要作用。视觉障碍者通过AR眼镜可以实时获取工作场所的相关信息，如屏幕上的数据、文件的位置等，提高了他们在职场中的效率。在学习方面，AR技术能够为视觉障碍者提供更为丰富的学习体验，通过实时叠加数字化的教育内容，使得学习更加生动直观。

总体而言，增强现实技术的实时辅助为视觉障碍者带来了巨大的改变。从实时导航到社交互动，再到工作学习，这项技术在多个领域为他们提供了更为全面的支持。这种实时辅助的创新不仅提高了视觉障碍者的生活质量，也为社会构建一个更加平等、包容的环境奠定了基础。未来随着技术的不断发展，AR技术在实时辅助方面的应用将进一步拓展，为视觉障碍者创造更多的机会和可能性。

（四）智能导览系统

1. 结合定位技术的室内导航

首先，智能导览系统的运作机制基于全球定位系统（GPS）和室内定位技术的结合。通过使用GPS技术，系统能够在室外环境中提供高度准确的位置信息。而在室内，利用室内定位系统（如蓝牙定位、Wi-Fi定位、红外线定位等），系统可以实现对用户位置的细致追踪。这种综合利用不同定位技术的方式，使得导览系统能够在室内外环境中实现更为全面和精准的导航服务。

其次，智能导览系统在为行动不便的用户提供精准导航方面发挥了重要作用。对于轮椅用户或老年人等行动不便的群体，系统可以通过准确的定位数据，规划更为便捷的路径，避免他们遇到障碍物或需要绕道的情况。这不仅提高了他们的出行效率，还减轻了日常生活中的不便之处，从而显著提升了他们的生活质量。

再次，室内导航技术的发展为行动不便的用户提供了更多的应用场景。在大型商场、医院、机场等室内空间中，智能导览系统可以通过室内定位技术准确地指引用户前往目的地，帮助他们更轻松地找到所需的服务区域。这对于那些可能因为复杂的建筑结构而容易迷失的用户来说，具有显著的便利性。

最后，智能导览系统的综合运用还可以促进社会的无障碍化发展。通过为行动不便的用户提供精准导航服务，系统实际上在一定程度上打破了空间上的障碍，使得这部分人群能够更好地融入社会。这种无障碍化的努力不仅符合社会关注和尊重多样性的潮流，也有助于推动城市规划、建筑设计等方面的改进，从而构建更为包容和友好的城市环境。

总体而言，智能导览系统通过结合全球定位系统和室内定位技术，为行动不便的用户提供了更为精准、便捷的室内外导航服务。这种技术的应用不仅使得行动不便人群的生活更加便利，而且对于推动社会的无障碍化发展、促进城市环境的改善具有深远的社会价值。未来随着技术的不断创新，智能导览系统在无障碍导航方面的发展前景将更加广阔。

2.语音导航的便捷性

首先，智能导览系统中的语音导航功能为用户提供了一种直观、实时的导航体验。通过语音提示，系统能够清晰而准确地向用户传达行进方向、关键地点和路径信息。对于视觉障碍者而言，这种语音导航成为一种重要的辅助工具，使其能够更加轻松地规划并完成日常生活中的移动任务。

其次，语音导航的便捷性在于其不依赖用户的视觉感知。对于视觉障碍者以及其他特殊群体，如盲人或那些无法使用视觉导航的人，语音导航提供了一种非常有效的替代方案。这使得导航服务不再受制于环境的可视性，使得用户在各种场景下都能够独立自主地进行导航，从而提高了他们的生活自由度。

再次，语音导航通过提供实时的指引，使得用户在移动中更具安全性。系统可以通过语音提示及时警告用户有可能遇到的障碍、危险或者方向偏差，帮助用户避免潜在的风险。这种实时性的导航反馈不仅提升了用户的行进安全性，同时也增强了用户对于环境的感知，使得他们能够更加自信地进行移动。

最后，语音导航的便捷性不仅服务于视觉障碍者，也在其他一些特殊场景下发挥了积极作用。例如，对于驾驶中的人群、行走中的老年人或那些在特殊工作环境下需要解放双手的人，语音导航提供了一种方便的导航方式。这种多样化的应用场景使得语音导航成为一项广泛受欢迎的无障碍技术，为不同群体的用户提供了更加便捷的服务。

语音导航作为智能导览系统的核心功能，以其直观、实时、不依赖视觉的特性，为用户提供了一种更加便捷的导航方式。特别是对于视觉障碍者等特殊群体，语音导航不仅提高了其生活的便利性，也为其创造了更为自主和安全的移动体验。这种便捷性不仅体现在日常生活中，同时也为社会无障碍的发展和推动科技与人文关怀的结合做出了积极的贡献。

（五）用户个性化体验

1.智能算法的个性化推荐

首先，智能技术的个性化推荐在可访问性设计中具有显著的作用。通过分析用户的操作行为、偏好和习惯，系统能够更加深入地了解用户的需求，从而智能地调整界面设置、操作方式等，以更好地适应用户的个性化需求。这种个性化推荐不仅提高了用户体验，同时也使得信息获取更加高效和便捷。

其次，可访问性设计中的个性化推荐体现在多个方面，其中一个重要的方面是界面定制。根据用户的个性化需求，系统可以智能地调整界面元素的排布、颜色搭配以及字体大小等，以确保用户能够更轻松地浏览和操作应用。例如，对于视觉障碍者，系统可以根据其喜好和需求，提供更大、更清晰的字体以提升可读性，或调整颜色主题以适应色盲用户的需求。

再次，个性化推荐在操作方式上的智能调整也是可访问性设计的关键。不同用户可能有不同的操作偏好，有些用户可能更喜欢触摸屏操作，而有些用户可能更倾向于语音指令或键盘快捷键。智能技术可以根据用户的习惯，个性化地调整系统的操作方式，使得用户能够更加自如地与应用进行交互，提高了可访问性和用户的使用舒适度。

再次，个性化推荐也在信息推送和内容呈现方面发挥了关键作用。通过分析用户的兴趣爱好和历史行为，系统可以智能地推荐个性化的内容，使用户更容易找到感兴趣的信息。这对于视觉障碍者等特殊群体尤为重要，因为个性化推荐可以大大减少信息检索的难度，提高了他们获取所需信息的效率。

最后，可访问性设计中的个性化推荐不仅仅服务于特殊群体，同时也有助于提高一般用户的体验。通过智能调整界面设置和操作方式，系统可以更好地适应不同用户的个性化需求，从而提升了用户对应用的满意度和忠诚度。这种个性化设计不仅提高了用户的使用舒适度，也为企业创造了更为个性化的服务体验，增强了用户与品牌之间的关联度。

总体来说，智能技术的个性化推荐在可访问性设计中具有重要价值。通过深入理解用户的个性化需求，系统可以智能地调整界面、操作方式和信息推送，使得应用更加适应用户的需求，提高了可访问性和用户体验的质量。这种个性化推荐不仅服务于特殊群体，也为一般用户提供了更为舒适、便捷的应用体验，体现了智能技术在提升可访问性和用户体验方面的重要作用。

2. 用户模型的构建与更新

首先，用户模型的构建是智能技术中的核心概念之一。通过系统对用户在应用中的操作行为、使用习惯、喜好偏好等数据进行收集和分析，系统能够逐步建立起用户的模型。这个模型是一个关于用户个性化需求和特征的抽象表示，为系统提供了对用户的深入了解的基础。

其次，用户模型的更新是个性化设计的重要保障。用户的行为和偏好可能随时发生变化，因此，系统需要能够实时地更新用户模型以保持其准确性。通过对用户在应用中的实时数据进行监测和分析，系统可以捕捉到新的行为模式、兴趣点等信息，从而不断优化用户模型。这种实时更新机制确保了系统对用户需求的及时响应，从而提高了用户体验的质量。

再次，用户模型的构建和更新需要综合考虑多个方面的数据。除了用户的操作行为外，系统还可以结合用户的设备信息、位置信息、社交网络数据等多维度的数据进行分析。这种综合的数据集可以更全面地描绘用户的特征，使得用户模型更为精准。例如，通过分析用户的社交网络行为，系统可以更好地理解用户的社交兴趣，从而为用户提供更贴近实际需求的服务。

最后，用户模型的构建和更新需要关注隐私保护的问题。在收集和分析用户数据时，系统应该采取有效的隐私保护措施，确保用户的敏感信息得到妥善处理。这涉及数据脱敏、加密、安全传输等技术手段的运用以及合规性的考量。用户隐私的保护是建立用户信任和提高系统可接受性的关键要素之一。

　　用户模型的构建与更新是智能技术中的关键环节，直接影响到系统对用户需求的理解和个性化服务的提供。通过分析用户的操作行为、使用习惯等多维度数据，系统可以建立精准的用户模型，并通过实时更新机制不断保持其准确性。这种个性化设计不仅提高了用户体验的满意度，同时也为用户提供了更加贴近其需求的可访问性服务。在实施这一过程中，系统需要充分考虑数据隐私保护的问题，以确保用户信息的安全和合规性。未来随着智能技术的不断发展，用户模型的构建与更新将成为个性化设计的核心技术之一，为用户提供更为个性化和智能化的服务。

第六章 室内设计的实践

第一节 实践案例分析

一、科创空间室内设计案例

（一）项目概况

1. 背景介绍

成都健康医学中心科创空间是位于成都市东部新区未来科学城的一项综合性项目，总建筑面积达 13.3 万平方米。项目旨在集科研办公和配套服务于一体，为科学家、医学专业人士以及相关产业提供一个创新和高效的工作与生活空间。整个项目由 4 栋单体建筑组成，其中 1 至 3 号楼为科研办公大楼，4 号楼则为高品质的精品酒店。（图 6-1）

2. 项目定位与功能

该科创空间的项目定位为以医学和健康科技为主导，融合科研、办公、商务和休闲服务的多功能综合体。科研办公大楼为科学家和研究人员提供了先进的研究设施与办公空间，致力于推动医学领域的创新。同时，配套的服务包括但不限于会议中心、商务服务、餐饮和休闲娱乐，以满足不同需求的用户。

3. 建筑布局与风格

4 栋单体建筑的布局旨在创造一个集中而又相互连接的科创生态圈。科研办公大楼（1 至 3 号楼）呈现出现代科技风格，强调功能性和高效性。而精品酒店（4 号楼）则追求高品质的空间设计和服务，为访客提供舒适、豪华的住宿体验。整体建筑风格在注重实用性的基础上，通过一系列设计手法展现了现代科技与人文关怀的完美结合。

图6-1　例图（一）

（二）设计理念与主题

1. 灵感来源

成都健康医学中心科创空间的设计灵感源自四川独特的人文风貌。四川自然风光和深厚的历史文化为设计团队提供了丰富的创作灵感。这个地域性的特质成为整个项目设计的根本基础，使得空间呈现出浓厚的地方文化氛围。（图6-2）

2. 设计主题

设计主题以生态、科技、智慧为核心，其中，生态体现在对自然环境的尊重和借鉴，科技体现在先进的科研办公设施，智慧则通过智能系统的应用体现。这三个方面共同构成了整个项目的设计理念，使其在功能性、现代性和人性化方面都得以兼顾。

3. 设计手法

通过简约明快的设计手法，设计团队在空间中创造出舒适宜人的氛围。设计中融入了民国元素，以历史元素为空间增色，使空间既有现代感又带有复古韵味。文化气息浓厚的陈设艺术成为空间中的点睛之笔，使得整个空间仿佛在追溯历史，展示了四川深厚的文化底蕴。

图 6-2 例图（二）

（三）空间设计

在成都健康医学中心科创空间的设计中，空间设计以效果设计方案和人体工程学为基础，着眼于提升用户体验。公共区域和客房空间的尺度经过优化设计，确保了空间的宜人性。电梯厅地面采用合理的拼花设计，通过比例和色彩的合理搭配，避免了视觉疲劳。客房内墙面的设计与家具、开关插座的位置相协调，营造了整体和谐的室内环境。卫生间地面和墙面采用岩板装饰材料，通过拼花设计实现了连续无缝拼接，呈现出独特而连贯的设计效果。特别是通过墙面的分缝和软装的布置，天花板中灯具的位置得以合理确定，使整个空间的关系更加协调统一，布局更显合理。（图 6-3）

图 6-3 例图（三）

（四）灯光设计

灯光设计在整个科创空间中起到至关重要的作用。为了创造出舒适的灯光环境，设计团队充分考虑了每个区域的灯光照度和色温需求。通过合理布置筒灯，实现了对空间的基本照明，同时通过射灯满足了特殊用途的照明需求。这一设计手法不仅为整个空间提供了足够的亮度，同时也考虑到了不同区域的功能和氛围，确保了灯光效果的多样性和灵活性。（图6-4）

图6-4 例图（四）

（五）智慧设计

智能技术的应用为成都健康医学中心科创空间增色不少。智能家居系统通过客控系统对门锁、灯具、电视、背景音乐、电动窗帘和空调等设备进行智能控制，为入住酒店的客户提供了舒适、高效和便捷的环境。系统提供了迎宾、会客、阅读和睡眠四种模式，同时还允许客户根据个人需求选择自定义模式，实现了个性化的空间体验。这种智慧设计不仅提高了客户在科创空间的使用便捷性，同时也为整个空间增添了现代科技感。（图6-5、6-6）

图 6-5 例图（五）

图 6-6 例图（六）

二、中医医院室内空间设计案例

中医医院，作为我国所特有的一种医院类型，具备着鲜明的文化特色和历史背景。中医药文化是我国传统医学的精髓，植根于我国传统文化之中，对其进行深入挖掘及传承发展有着深远而重大的意义。这一鲜明的文化特征，影响着中医医院的建筑设计风格及元素。建筑是文化的载体，也是文化潜移默化的文化"宣传员"。

（二）中医医院室内空间设计案例分析

武汉市中医医院（汉阳院区）住院综合楼项目位于武汉市中医医院汉阳院区，该医院源自建于 1910 年的"万国医院"，后者是一座享有声望的三级甲等中医医院。新建住院综合楼地上 21 层、地下 3 层，总建筑面积约为 44000 平方米，涵盖了多个功能区域，充分展现了中医医院的独特风格和文化内涵。

1 层主要包括出入院办理大厅、感染门诊和放射科。设计团队通过巧妙的空间布局和精心选择的材料，打造了温馨而功能齐全的出入院办理大厅，为患者提供了方便的服务体验。感染门诊和放射科的布局考虑了医疗流程的便捷性与患者的舒适感，确保了医疗服务的高效性。

2—4 层涵盖了内镜中心、输血科、病理科、ICU 中心和手术中心。在这些区域的设计中，注重了医疗操作的精细化和专业性，同时通过色彩和光线的设计，营造出安静、专注的医疗环境，为医护人员提供了舒适的工作空间。

6—14 层为普通住院病房层，而 15—18F 层则专门设计为感染住院病房层。在病房层的设计中，注重了患者的舒适度和隔离性，确保了良好的医疗环境。不同于普通住院区域，感染住院病房层通过特殊的设计和设备，为患者提供了更为细致的医疗服务。

19—20 层包括会议中心、远程会诊中心和信息中心，旨在提供高效的医疗信息管理和学术交流平台。这些区域的设计兼顾了专业性和开放性，为医院内部的信息流动和学科交流提供了便利。

整个建筑的 21 层为设备用房，为医院的设备运行提供了专用的场所。通过对不同功能区域的精心设计，武汉市中医医院（汉阳院区）住院综合楼成功地打造了一个既具有现代医疗设施的高效医疗空间，又融入了中医医院的传统文化元素，展现了其独特的风格和文化特色。

1. 设计风格及色彩选择

整个项目的室内空间主要采用新中式风格，通过几轮讨论与尝试，最终确定了以暗红色木纹搭配暖白色为主色调。这个色彩方案与汉阳医院一期室内空间的风格和色调相近，确保了整个院区的协调统一性。在考虑到红木色较深可能给病人及医生带来压抑感与紧张感的情况下，本次设计定位为"轻中式"，在大面积留白的基础上，摒弃了过于沉重的中式风格，采用了细腻的手法和简洁轻盈的造型，以展现中式韵味的淡雅和自然的相合。

2. 各空间设计

（1）住院大厅及自助服务区

进入主入口后，迎面而来的是一个较为宽敞的矩形住院大厅空间。大厅的主背景墙通过提取中式药房的画面，将药盒开合的场景简化抽离，形成凹凸有序的墙面。在背景的中央，采用红木纹画框的形式，展示中式画卷，融合医院文化，营造出中式画卷展开的场景。出入院办理处前方设置了大型 LED 屏幕，以动态展示的方式满足功能及文化展示需求。天花板设计采用几何化的坡屋面造型，使用白色长城板形成若隐若现的凹凸纹路，使整体空间感更为细腻。柱面和地面采用典型的"回"形中式花格，通过大面材质中的细节勾勒，注重把握"繁"与"简"以及"深色"与"留白"的比例。（图6-7、6-8）

图6-7 住院大厅

图6-8 自助服务区

（2）护士站

护士站空间大面积留白，半高米色墙裙作为底部处理，既满足墙面擦洗及防撞的需求，又能够烘托出温馨舒适轻松的氛围。护士站上方的吊楣设计结合灯光打造，造型中融入中式花格，轻盈而不厚重，散发出淡淡的中式韵味。灯光设计避免了大块面的直射光源，而选择了造型较窄的线性灯，既满足照明需求，又能够保障夜间医患使用的舒适感。（图 6-9）

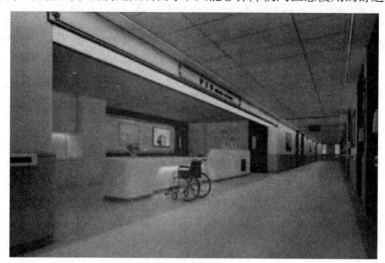

图 6-9　病房层护士站

（3）电梯间

电梯间是一个人流量较大的区域，容易出现大量人员聚集及排队现象，因此空间设计以浅色调为主，并采用弱镜面材质，从视觉上降低拥挤感。电梯序号导视放置在电梯门头上方，以明显的大字号表达，方便排队人群一目了然。在这个空间中，红色依然是主要的点缀色，它精准地传达出了空间的新中式韵味。（图 6-10）

图 6-10　电梯厅

3. 导视设计

该院区目前使用的门诊楼导视系统设计存在一些杂乱之处。通过调研发现，由于医院的 logo 设计为绿色系，而整体空间设计偏向红木色，导致原导视设计中既有绿色系又有红色系，不够统一。此外，医院设置了大量的文化宣传牌体，这类牌体的设计为了呼应整体内装风格，多采用红木纹材质打底。在一定程度上，这与部分导视牌体相重合，使人无法从远处快速辨别相应牌体是导视牌体还是文化宣传牌体。

为了解决这一问题，本次二期工程导视设计进行了重新梳理，并试图注入更为鲜明的中式文化元素。首先，设计方案将文化宣传与导视系统进行区分，文化载体以红色牌体呈现，而导视系统则以绿色牌体为主，既符合整体空间氛围，又与企业 VI 系统相契合。这种鲜明的分色处理有助于需要快速就医的患者迅速查询，起到了快速引导的作用。其次，导视牌体以现代直线条风格为主，内部图案以"梅兰竹菊"等中式元素为主题，形成略带变化性的文化故事，使导视系统与整体空间氛围相融合。

这样的重新设计不仅使导视系统更为统一和清晰，还更好地融入了中式文化元素，提升了整体空间的视觉效果。

（二）荆门市中医医院康复保健中心大楼室内设计

该项目位于荆门市中医医院。荆门市中医医院（荆门市石化医院）始建于 1951 年，2012 年 6 月由原荆门市中医医院和原荆门市石化医院合并重组为"一家医院、两块牌子"，是集医疗、预防、保健、康复、科研、教学于一体的地市级三级甲等中医医院。本次项目为新建康复保健中心大楼，地上 12 层，地下 1 层，总建筑面积约为 25500 平方米。地上 1 层为住院门厅、中医传统文化展示大厅、静配及中心药库，2 层为内镜中心、推拿治疗及针灸治疗区，3 层为血透中心，4 层为综合康复中心，5—12 层为住院病房层。

1 层包括住院门厅、中医传统文化展示大厅、静配及中心药库。住院门厅作为医院的门面，设计上注重简约明快，营造舒适的就医环境。中医传统文化展示大厅以展示中医文化为主题，通过布局合理的陈设和艺术元素，使患者和来访者能够感受到中医传统文化的魅力。静配及中心药库区域则注重功能性和效率，确保医疗服务的顺畅运作。

2 层包括内镜中心、推拿治疗及针灸治疗区。内镜中心的设计注重空间的整洁和医疗设备的合理布局，以提供高效的医疗服务。推拿治疗及针灸治疗区则着重创造舒适宁静的治疗环境，以促进患者的康复和舒缓病痛。

3 层设有血透中心，四层为综合康复中心。血透中心的设计追求设备的现代化和环境的温馨，为需要血液透析治疗的患者提供舒适的就医体验。综合康复中心则整合各种康复服务，包括理疗、运动疗法等，以全面促进患者的康复进程。

5—12 层为住院病房层，提供舒适的住院环境，确保患者能够得到安心的治疗和照顾。每层的病房设计以患者的舒适度和医疗工作的便捷性为重点，保障患者的隐私和医疗团队的高效工作。

这样的室内设计旨在为患者提供舒适、便捷、现代化的医疗服务，同时体现中医医院的传统文化元素，使整个医疗空间更具人性化和温馨感。

1. 设计风格

荆门，位于鄂中区域性中心，素有"荆楚门户"之称。荆门是湖北省历史文化名城，也是中国优秀旅游城市，境内有世界文化遗产明显陵，以及楚汉古墓群、屈家岭文化遗址等文化古迹。本次项目室内设计也以略带"楚风"的新中式打造。由于该中医医院为合并重组医院，原石化医院部分的中医氛围并不突出，虽然在合并之后增设了部分中式文化墙，但新增的造型和原空间融合度不高，略显突兀。此次新建大楼，试图在搭配原院区色调的基础上，整体规划打造，营造一个和谐整体的新中式空间。

（1）设计风格

本次项目以略带楚风的新中式风格为主导。荆门作为历史文化名城，拥有丰富的楚文化底蕴，因此设计灵感汲取了楚风元素，旨在打造一种兼具传统文化韵味和现代舒适感的医疗空间。新中式风格的设计，既能够彰显医院的中医传统特色，又能够创造出具有现代氛围的室内环境。

（2）设计理念

考虑到医院的合并历史和原始空间的不足，设计团队通过整体规划，力求在新建大楼中形成和谐一体的氛围。在搭配原院区色调的基础上，注重楚风文化元素的融入，使整个空间更具地域特色和文化底蕴。设计理念旨在通过新中式风格的打造，既让患者感受到传统医学的温暖，又提供现代医疗服务所需的舒适性和便捷性。

（3）色彩搭配

为保持与原院区色调的协调性，本次设计在色彩搭配上注重整体的统一感。主色调以略带温暖感的红木色为主，同时辅以柔和的暖白色，打造温馨宜人的医疗环境。这样的色彩搭配不仅符合中医传统文化的氛围，还为患者营造了宁静舒适的就医氛围。

通过以上设计手法，荆门市中医医院康复保健中心大楼的室内空间旨在融合楚风元素，打造一处既具有中医传统特色又具有现代化舒适感的医疗空间，以提升患者的整体就医体验。

2. 各空间设计

（1）中医文化展示大厅

大楼1层中部区域预留了面积近400平方米的中医文化展示大厅，与住院门厅相邻。除了疏解住院办理处的等候人流压力，这个专业的中医药文化宣传处还对大众开放，旨在营造中医药文化氛围，传播中医药文化和普及中医药常识。考虑到参观人员主要是病患和其家属以及医疗专业人士，设计注重轻松舒适，通过浅弧线形的大坡屋面、红色勾勒边框和灯带的设置，从视觉上提高空间感，缓解层高不足带来的压抑感。墙面采用形式多样的组合形式，局部结合现代科学技术，通过动态互动呈现中医药文化。柱面则选用了楚风纹样"蟠螭纹"，精致而有细节。整体设计以雅致、现代、自然生态为特色，打破传统学术氛围，以轻松淡雅的格调为医患讲述中医的故事、传承中医的精神。大厅内设置休闲座椅，吸引等候人流，减轻相邻出入院办理处的人流压力，同时为人群提供学习、感受中医文化的机会。座椅的设计结合绿植，形成健康绿色生态的环境氛围。（图 6-11）

图 6-11　中医文化展示大厅

（2）住院门厅

相邻的住院部大厅面积稍小，不足 200 平方米。设计上延续文化展示大厅的格调，更为实用，强调对出入院办理处的视觉引导，同时弱化其他交通空间。墙面柱面的设计以拉槽造型增加细腻感，同色同材质不同工艺使墙面自然分为上下两个层次。现代手法的点线面设计使空间简洁而不失韵味。（图 6-12）

图 6-12　住院门厅

（3）电梯间

电梯间的设计延续大厅的氛围感，充分利用多组电梯形成的阵列感。古铜色不锈钢宽窄组合创造出竖向线条感，使得空间呈纵向生长感。电梯按钮处的红色点缀点亮整个空间，刚柔相济，展现中式优雅的质感。（图 6-13）

图 6-13　电梯间

（4）病房

病房空间作为病人休息和长时间停留的区域，设计上选择了温馨清爽的浅黄色木纹，搭配暖白色系的地胶、木纹和窗帘。通过大面积的留白和色彩搭配，营造出温馨舒适的空间感。（图 6-14）

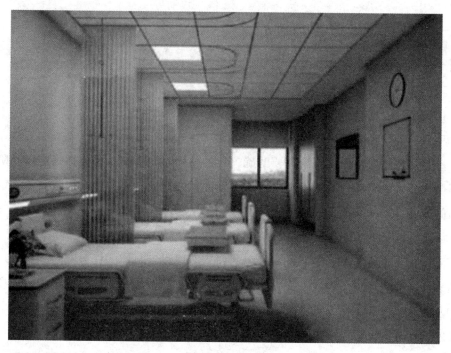

图 6-14　病房

两个项目在室内设计上的共通之处为新中式风格的选取，主色调以红木纹为主。在面对敏感的红木纹色系时，设计师通过反复斟酌和对比，特别是在病房设计上，并未一味坚持统一色调，而是以病患的舒适感为主导。整体设计旨在将中式韵味和特色融入空间，避免过于沉重。留白空间的合理运用、色彩比例的搭配，以及空间平衡感与和谐感的考量，都展现了设计师的细致思考。

此外，两个项目虽然位于湖北境内，共享一些相似元素，如楚风建筑的大坡屋顶和楚风图腾纹样，但鉴于医院定位和施工造价的不同，设计上对相同元素的处理也呈现了各自的独特手法。在不同地域的中医医院空间设计中，设计师还结合当地的特殊文化进行打造，使中医文化既具有全国性的共性，也呈现出地域特色性，从而使各地的中医医院既有一致性又具备独特性。

通过对两个项目的室内设计进行比较分析，设计方案不仅展现了设计师在处理空间功能、氛围营造和文化表达等方面的巧思，也呈现了对地域文化特色的巧妙融合。这样的设计既能满足医疗功能需求，又能为患者提供温馨舒适的环境，同时传递了中医文化的精髓，体现了设计的人性化和文化传承的双重价值。

第二节　实践项目的设计与实施

一、项目设计流程与挑战

（一）项目计划与组织

1.项目计划的制定

（1）确定项目的时间范围

①项目启动阶段的时间规划

在项目启动阶段，设计团队需要明确项目的整体时间框架。这包括确定设计阶段、施工准备阶段以及最终交付的时间节点。考虑到项目的规模和复杂性，团队需要制定一个合理的时间范围，以确保项目按时完成。

②阶段性任务的时间分配

将整个设计流程分解为不同的阶段，为每个阶段设定具体的任务和时间计划。例如，需花费多少时间进行概念设计、设计方案制定、施工图设计等。这有助于团队在项目进行过程中及时调整进度，确保每个阶段的质量和效率。

（2）目标的明确

①确定设计目标与客户期望

明确设计目标是项目计划制订的基础。设计团队需要与客户充分沟通，了解客户的期望和需求。在项目计划中，需要明确设计的主题、风格、功能需求等，以确保设计方向与客户期望一致。

②目标的可测量性与评估指标

制定可测量的设计目标对于项目的成功至关重要。在项目计划中，团队需要设定明确的评估指标，以便在项目实施过程中进行监测和评估。这有助于及时调整设计方案，确保达到预期效果。

（3）资源分配

①预算的合理分配

项目计划中需要细化资金的使用计划，确保每个阶段都有足够的预算支持。考虑到材料、人工、技术支持等方面的费用，团队需要制订详细的预算计划，并在项目实施过程中进行及时调整。

②人力资源的合理配置

明确项目计划中所需的人力资源，包括设计师、工程师、项目经理等，在设计团队中分配清晰的角色和职责，确保每个成员在项目中能够充分发挥其专业优势。此外，合理配置人力资源还需考虑项目各个阶段的工作量，以确保团队的工作效率。

（4）考虑项目预算

①预算与设计目标的平衡

在项目计划中，需要平衡设计目标与实际可用预算。设计团队需要仔细评估各个设计方案的成本，并选择在预算范围内实现客户期望的方案。这涉及对不同设计选择的经济性和实用性的综合考量。

②预算调整与变更管理

在项目实施过程中，可能会出现预算不足或需要调整的情况。团队需要建立灵活的变更管理机制，及时调整预算计划，确保项目能够在财务方面可持续进行。

2. 项目组织与沟通

（1）明确角色和责任

①设计团队中角色的明确分工

在设计团队中，每个成员的角色和责任需要得到清晰的界定。从项目经理到设计师，每个人在项目中都有独特的职责。通过建立明确的组织结构和工作流程，团队能够更有序地推进项目。

②团队协作与交叉沟通

设计团队的协作和交叉沟通是确保项目成功的关键。通过定期的团队会议、项目分享和经验交流，团队成员能够更好地理解整体项目进展，并共同解决项目中的问题。

（2）建立高效的沟通渠道

①内部沟通与信息共享

内部沟通是设计团队协作的纽带。通过使用项目管理工具、即时通信工具等，团队成员可以随时分享信息、更新进展，保持高效的内部沟通。这有助于避免信息滞后和误解。

②与客户的有效沟通

与客户的沟通是确保设计方案符合期望的重要环节。建立定期的客户会议、报告和反馈机制，确保客户对项目进展有清晰的了解，并能及时提出建议和意见。这有助于调整设计方案，使其更符合客户期望。

（3）定期会议和报告

①项目进展会议

定期召开项目进展会议，对项目的整体进展进行详细讨论。团队成员可以分享各自的工作情况、遇到的问题和解决方案，确保整个团队对项目的了解保持一致。

②报告的透明与全面

制定规范的报告格式，确保报告中包含必要的信息。报告应涵盖项目的进展、遇到的挑战、已经完成的任务以及下一阶段的计划。透明且全面的报告有助于提高团队成员的责任心和工作效率。

（二）预算与资源分配

1. 预算的设定和管理

（1）项目预算设定

①预算与设计方向的关联

项目预算直接塑造了设计的可行性和方向。在设定预算时，设计团队需要仔细考虑项目的规模、复杂性以及客户的预期。这包括对设计风格、材料选择和技术应用等方面的成本估算，以确保预算与设计目标保持一致。

②预算计划的透明性

在制定项目预算时，团队应确保预算计划具有透明性。明确列出各项费用，包括但不限于设计费用、材料费用、劳务费用、技术支持费用等。透明的预算计划有助于团队和客户更好地理解项目的经济基础。

（2）预算管理

①阶段性预算管理

设计项目通常包含不同的阶段，每个阶段都有特定的任务和费用。在项目的不同阶段，设计团队需要进行阶段性的预算管理，确保各个阶段的费用控制在可接受范围内。这包括在概念设计、设计方案制定、施工图设计等阶段进行费用的逐步确认和调整。

②预算调整与变更管理

在项目实施过程中，可能会出现预算不足或需要调整的情况。设计团队需要建立灵活的变更管理机制，及时调整预算计划，确保项目能够在财务方面可持续进行。对于不可避免的额外费用，需要与客户充分沟通，并确保变更对项目整体可行性的影响得到评估。

2. 资源的优化配置

（1）人力资源的合理配置

①项目需求与设计团队规模

在资源配置中，人力资源是至关重要的一环。设计团队需要根据项目的规模和需求，合理配置设计师、工程师、项目经理等不同角色的人员。对于大型项目和小型项目，资源配置的方式和比例可能会有所不同。

②专业领域与任务匹配

不同项目阶段需要不同专业领域的支持。合理配置人力资源师，需要确保每个团队成员的专业背景和技能能够最大程度地匹配项目任务。例如，在概念设计阶段，需要强调创意和概念性的设计能力；而在施工图设计阶段，则更需要强调技术细节和工程实施经验。

（2）时间资源的有效利用

①阶段性任务与时间分配

设计项目通常有明确的阶段性任务，每个阶段需要在特定的时间内完成。团队需要根据项目计划合理分配时间资源，确保在每个阶段内保持项目的整体进展。灵活的时间管理有助于应对项目中的不确定性和变化。

②时间管理工具与技术支持

设计团队可以借助各种项目管理工具和技术支持来提升时间资源的利用效率。这包括使用项目管理软件、共享日历、在线协作工具等，以确保团队成员之间能够及时协同工作，提高项目整体的时间效率。

（3）材料资源的合理利用

①材料选择与经济性考虑

在设计中，材料的选择不仅关乎设计的美感，还与预算直接相关。设计团队需要在考虑设计效果的同时，充分考虑材料的经济性和可获得性。合理的材料选择有助于在有限预算下实现设计的良好效果。

②可持续性与绿色材料应用

随着可持续发展理念的兴起，设计团队需要在资源配置中考虑绿色材料的应用。这不仅有助于降低环境影响，还符合当代社会对可持续性的关注。在资源配置中，团队可以考虑对于可再生材料和绿色技术的研究与应用。

通过合理的预算设定和资源分配，设计团队能够更好地应对项目中的各种挑战和变化。在实践中，预算和资源的合理管理是设计项目成功实施的基础，同时也为设计团队提供了更大的创作空间和创新机会。

（三）项目设计流程中的挑战

1. 客户需求的多样性

（1）准确捕捉客户需求

①项目启动阶段的需求分析

在项目启动阶段，设计团队需要通过与客户的深入沟通和需求分析，全面了解客户的期望和需求。这包括客户对空间功能、风格偏好、预算限制等方面的详细了解，以确保项目从一开始就能够朝着正确的方向发展。

②制定有效的调查问卷和访谈计划

设计团队可以通过制定调查问卷和访谈计划，系统性地收集客户的信息。这有助于提炼客户的偏好、习惯和特殊需求，为设计方案的制定提供更为准确的依据。

（2）良好的沟通与关系建立

①沟通技巧的培训与提升

设计团队成员需要具备良好的沟通技巧，包括倾听、提问和表达能力。通过培训，提高团队成员的沟通水平，使其能够更好地理解客户的期望，并能够清晰地传达设计理念。

②建立良好的客户关系

在整个设计过程中，建立与客户之间的良好关系是确保设计成功的关键。通过定期的沟通会议、反馈机制，团队可以及时了解客户的反馈，调整设计方案，建立起良好的信任和合作关系。

（3）期望管理与冲突解决

①设定合理的期望

设计团队需要在项目启动阶段就与客户共同设定合理的期望。明确设计的目标、可行性和预期效果，防止后期出现客户期望与实际设计方案不符的情况。

②冲突解决的专业技巧

在设计过程中，可能会出现设计方案与客户期望之间的冲突。团队需要具备专业的冲突解决技巧，通过有效的沟通和妥善的调整，解决设计过程中的分歧，确保最终设计方案能够得到客户的认可。

2. 设计方案的创新与可行性

（1）创新理念的不断探索

①设计团队的创新文化

鼓励设计团队保持开放的创新文化，鼓励成员提出新颖的设计理念。通过定期的创意工坊和团队建设活动，培养设计师的创造力和敏感度。

②与行业趋势的紧密关联

设计团队需要时刻关注行业的最新趋势和前沿技术。通过参与行业研讨会、展览和学术交流，团队可以更好地把握设计创新的方向，使设计方案更具前瞻性。

（2）创新与可行性的平衡

①创新与实际工程的结合

在设计方案的制定中，团队需要不断思考创新理念如何与实际工程结合。通过引入可行性分析，评估创新方案的可行性，确保设计方案既具有前瞻性，又能够在实际工程中得以实施。

②技术与材料的实际考量

创新设计不仅需要注重美学和功能，还需要考虑到可行性。设计团队需要与技术专家和材料工程师密切合作，评估新技术和新材料的实际应用效果，确保创新设计在实际施工中的可行性。

在项目设计流程中，面对客户需求的多样性和设计方案创新与可行性的平衡，设计团队需要综合运用各种工具和技能，通过良好的沟通与关系建立，准确捕捉客户需求；通过创新文化的建设和实际工程的结合，确保设计方案既具有创新性又有可行性。这些挑战既是对设计团队的考验，也是推动设计行业不断发展的动力。

二、施工实施与质量控制

（一）施工图的准确性与可行性

1.施工图的编制与标准

（1）遵循相关标准和规范

①建筑法规的遵循

在编制施工图时，设计团队首先需要遵循国家和地区的建筑法规。这包括建筑结构、消防安全、建筑材料使用等方面的法规，确保设计符合法定要求，从而保障施工过程的合法性和安全性。

②结构、电气、给排水等专业领域标准

不同专业领域有各自的标准和规范。设计团队在编制施工图时需要深入理解结构、电气、给排水等专业领域的标准，确保施工图的各项要素符合相关技术规范，提高施工的效率和质量。

（2）翔实、清晰的内容

①技术细节的充分考虑

施工图应包含足够的技术细节，以确保施工的准确性和质量。对于建筑结构，需要详细标明梁、柱、墙体等的尺寸和连接方式；电气方面需要明确电缆走向、电源点的位置等；给排水系统需要具体标注管道走向、连接方式等。

②清晰的图纸布局

施工图的图纸布局应当清晰，各项标注和图示应当合理有序，避免混乱和歧义。设计团队需要确保每一份施工图都能够清晰表达设计意图，使施工人员能够迅速理解并准确执行。

2. 可行性评估与技术要求

（1）可行性评估

①风险分析与应对策略

在施工图的编制阶段，设计团队需要进行全面的可行性评估，分析可能出现的施工风险。这包括但不限于材料供应问题、工程进度风险、施工安全隐患等。针对这些风险，团队需要制定相应的应对策略，以降低风险发生的可能性。

②现场实际情况的考虑

施工现场的实际情况常常与设计图存在一定的偏差。设计团队需要充分考虑施工现场的复杂性，与施工方保持密切沟通，及时了解施工现场的实际情况，从而在施工图中做出相应的调整。

（2）技术要求的明确

①制定详细的技术规范

设计团队需要制定详细的技术规范，明确施工过程中所需的技术要求。这包括对材料性能的要求、施工工艺的规范、施工人员的培训等方面。通过明确技术要求，可以提高施工的准确性和可控性。

②与施工方的紧密合作

在技术要求的制定中，设计团队与施工方需要保持紧密的合作。通过与施工方共同制定技术要求，确保设计方案的可行性，同时也能够充分借助施工方的经验，提高施工的效率和质量。

（二）与施工团队的协作

1. 协调与沟通

（1）协调机制的建立

①设计变更的应对

在实际施工过程中，设计变更是常见的情况之一。设计团队需要与施工团队建立快速响应机制，及时处理设计变更，并确保变更信息的准确传达。通过协调机制，团队能够有效应对项目变更，降低因变更而导致的施工延误风险。

②材料替代的协商与调整

有时，由于市场供应、成本等原因，施工过程中可能需要进行材料替代。设计团队与施工团队需要建立协商机制，共同评估替代材料的性能和适用性，并调整施工图和设计方案，以保证替代材料的质量和符合设计标准。

（2）沟通渠道的畅通

①定期进展会议

设立定期的进展会议是保持协调和沟通的重要方式。在会议中，设计团队与施工团队可以分享项目的最新进展、遇到的问题以及解决方案。这有助于提高沟通效率，及时发现和解决潜在的施工难题。

②项目管理工具的应用

采用项目管理工具，如在线协作平台和实时通信工具，有助于建立高效的沟通渠道。设计团队与施工团队可以通过这些工具及时传递信息、分享文件，确保信息的及时流通，降低信息传递误差。

2. 质量控制与验收标准

（1）明确的质量控制标准

①制定全面的验收标准

在施工图的基础上，设计团队需要制定全面的验收标准，涵盖结构、装修、电气、给排水等方面。这些标准应明确具体，便于施工团队理解和执行。

②阶段性质量检查

设定阶段性的质量检查点，确保在施工过程中及时发现并纠正可能存在的问题。这包括对每个阶段的施工质量、使用的材料、工艺的检查，以及对符合验收标准的确认。

（2）验收流程的规范

①确保验收的客观性

设计团队在进行验收时需要保持客观性，不受主观因素的影响。建立统一的验收流程和标准化的验收表，通过客观的数据和标准来评估施工质量，确保验收结果的客观性和准确性。

②与施工方的共同参与

验收过程应该是设计团队和施工团队的共同参与。通过与施工方的沟通和合作，共同参与验收活动，让施工方对设计团队的期望有更清晰的了解，也有助于提高施工方的责任心和执行力。

（三）施工实施中的挑战

1. 施工现场管理

（1）现场问题的解决与协助

①材料运输与仓储管理

在施工现场，设计团队需要与施工方共同协调材料的运输和仓储管理。确保材料的及时到达，避免施工过程中因材料不足而导致的停工和延期。设计团队还需要提前规划合理的材料存放位置，以确保施工现场的有序性。

②人员协调与工作安排

设计团队在施工现场需要协助施工方进行人员协调与工作安排，确保各个施工岗位之间的协作，防止人员调度不当导致的施工效率低下；与施工方共同制订详细的工作计划，并及时解决人员之间的协作问题。

③安全管理与应急预案

施工现场的安全是至关重要的。设计团队需要与施工方一同制定严格的安全管理措施，并提供必要的培训和指导。同时，制定完善的应急预案，以应对突发事件，确保在紧急情况下能够及时、有效地采取措施保障工人的安全。

2. 变更管理与应对策略

（1）灵活的变更管理机制

①变更识别与记录

设计团队需要建立严格的变更识别机制，及时发现并记录可能发生的设计变更。通过与施工方的沟通和监测，及时了解变更的原因和影响，确保变更信息的准确性和完整性。

②评估变更对进度和成本的影响

变更可能对工程进度和成本产生影响，设计团队需要及时进行评估，与施工方共同分析变更可能引起的工程调整和延期，制定相应的调整方案，确保项目仍能够在预定的时间和预算内完成。

（2）与施工方和客户的协商与达成一致

①与施工方的密切沟通

设计团队需要与施工方保持密切的沟通，及时共享设计变更的信息。通过定期会议和报告，确保施工方了解设计变更的原因和必要性，减少因变更而引发的误解和纠纷。

②与客户的主动沟通

设计团队与客户之间的主动沟通是变更管理的关键。设计团队需要清晰地向客户说明变更的原因、影响以及可能产生的额外费用。通过建立透明的沟通机制，争取客户的理解和支持，确保设计变更符合客户的期望。

施工实施中的挑战主要体现在现场管理的复杂性和变更管理的灵活性上。通过建立有效的现场管理机制，协助施工方解决问题，以及建立灵活的变更管理机制，与施工方和客户保持紧密的协商，设计团队能够更好地应对施工过程中的各种挑战，确保项目的高效、安全实施。这一过程不仅关系到工程的成功交付，也对设计团队的协作和应变能力提出了更高的要求。

第三节 室内设计职业规划

一、设计师的技能与发展

（一）设计师的核心技能

1. 创意与审美

（1）创造力的发展

①灵感激发与积累

设计师需要保持对各种艺术形式的关注，积累不同领域的灵感。通过参观展览、阅读设计书籍、关注时尚趋势等方式，拓宽自己的视野，为创意的发展提供更多的素材和启发。

②创意方法与技巧

培养创意的方法和技巧对设计师至关重要。通过参与创意工作坊、学习创意方法论，设计师可以掌握系统性的创意过程，更好地将抽象的想法转化为实际的设计方案。

（2）审美感知与表达

①视觉表达能力

设计师需要具备出色的视觉表达能力，能够通过手绘、模型制作、数字渲染等方式清晰地呈现设计概念。这要求设计师不仅懂得运用设计软件，还需具备绘画和表达的基本功底。

②对趋势的敏感性

审美感不仅体现在个人的审美观点上，还需关注设计趋势。设计师应该时刻关注时尚、艺术、文化等方面的动态，保持对不同风格和流派的敏感性，以更好地满足客户的需求。

2. 技术与工程知识

（1）建筑结构的理解

①结构元素与原理

设计师需要了解建筑结构的基本元素和原理，包括梁、柱、墙等。深入理解建筑结构，有助于设计师在空间规划中更好地考虑结构的稳定性和合理性。

②结构材料与特性

设计师要对不同结构材料的特性有深入的了解，包括木材、钢材、混凝土等。这有助于设计师在选择材料时考虑其实际应用和可行性，提高设计的可执行性。

（2）施工流程的把控

①工程施工流程

设计师需要熟悉室内设计的施工流程，了解不同工程阶段的任务和要求。这包括施工前的准备工作、施工中的协调与监理，以及施工后的验收与总结。

②现代技术应用

随着科技的不断进步，设计师还需关注现代技术在室内设计领域的应用，如虚拟现实、增强现实等。熟练运用这些技术工具，能够提高设计效率和呈现效果。

3. 沟通与团队协作

（1）有效沟通的关键

①客户需求的准确理解

设计师需要具备良好的倾听能力，能够深入了解客户的需求和期望。通过有效的沟通，设计师能够更好地把握项目的核心要求，为客户提供更符合期望的设计方案。

②团队内外沟通

在设计团队中，设计师要能够与不同专业的团队成员有效沟通，包括结构工程师、电气工程师等。良好的团队沟通能够促进项目的协同推进，减少信息误解和工作冲突。

（2）协调和领导小组

①项目管理技能

设计师需要具备基本的项目管理技能，能够合理安排工作计划、掌握项目进度、有效分配资源。良好的项目管理能力有助于项目的高效推进和顺利完成。

②领导小组的能力

在大型设计项目中，设计师可能需要领导一个小组。因此，设计师需要具备团队领导和协调的能力，能够激发团队成员的潜力，协同完成项目任务。

（二）设计师的职业发展

1. 专业领域深耕

（1）选择专业领域

①领域选择的重要性

设计师在职业发展中应首先明确定位和选择专业领域，这涉及对个人兴趣、经验和市场需求的全面考量。设计师可选择住宅设计、商业空间设计、酒店设计等专业领域。

②深入研究与学习

一旦确定专业领域，设计师需要进行深入的研究和学习，这包括了领域内的最新趋势、经典案例以及可能面临的挑战，通过参与专业研讨会、培训课程等方式，提高在该领域的专业素养。

（2）提升竞争力

①行业认证

设计师要获得与所选专业领域相关的行业认证，如商业空间设计师资格认证等，能够提升设计师在该领域内的竞争力。行业认证是客户和雇主评估设计师专业水平的重要指标。

②拓展人脉

设计师要积极参与相关领域的社交活动和专业组织，拓展人脉关系。与同行、业内专家的交流与合作，不仅有助于获取新的项目机会，还能够共同推动所在领域的发展。

2. 创业与独立设计师

（1）创业准备

①商业计划与定位

设计师决定创业时，需要制定详细的商业计划。明确设计事务所的定位、目标客户群体、服务内容和竞争优势，确保创业过程中有清晰的发展方向。

②管理和团队建设

创业设计师需要具备良好的商业头脑和管理能力。建立高效的团队协作机制，明确团队成员的职责和任务，提升团队的执行力和创造力。

（2）独立设计师的优势

①灵活的设计风格

独立设计师有更大的自由度，可以更灵活地发展个人独特的设计风格。这有助于吸引有特定需求的客户，打造独特的设计品牌。

②盈利模式的创新

创业的设计师可以尝试创新盈利模式，如开设线上课程、设计师产品线等。通过多元化盈利，提高事务所的经济回报和可持续性。

3. 国际化发展

（1）参与国际设计赛事

①提升国际知名度

设计师可以积极参与国际性的设计比赛和展览。通过在国际舞台上展示自己的作品，提高个人和团队的国际知名度，吸引更多国际客户的关注。

②跨国合作与项目

设计师可考虑与国际设计公司合作，参与国际性的设计项目。这种跨国合作有助于融合不同文化的设计理念，提升设计师在全球范围内的设计水平和影响力。

（2）在国外深造

①专业学位的获取

设计师可以选择在国外深造，获得更高级别的专业学位。这不仅提升了设计师在国际市场的竞争力，还能够接触到更前沿的设计理念和技术。

②跨文化体验的积累

设计师在国外学习和工作可以深刻体验不同文化的设计观念。这对于提升设计师的跨文化沟通能力和在设计中融入多元文化元素非常重要。

二、行业认证与终身学习

（一）行业认证的重要性

1.设计师协会认证

（1）加入设计师协会

首先，加入设计师协会为设计师提供了一个专业的交流和学习平台。成为协会的一员，设计师能够与同行建立联系，分享经验，共同面对行业挑战。

设计师协会通常会提供丰富的专业资源，包括最新的设计趋势、技术创新、市场分析等。这些资源有助于设计师保持行业敏感度，不断提升自己的专业水平。

（2）获得设计师协会认证

设计师协会通常设立一系列的认证标准，设计师需要满足一定的资质和经验要求才能获得认证。这确保了协会成员的整体专业水平。

获得设计师协会认证是设计师职业发展中的一项荣誉。这不仅为设计师个人带来声望，也为其在行业内建立了可信赖的专业形象。

2.职业资格认证

（1）国家注册室内设计师

国家注册室内设计师资格认证是对设计师专业知识和技能的验证。通过参加资格考试，设计师需要展示其在室内设计领域的深厚理论基础和实际操作能力。

获得国家注册室内设计师资格也意味着设计师对行业法规的了解和遵守。这有助于维护行业的良好秩序，确保设计师的行为符合法律规定。

（2）国际室内设计师协会认证

国际室内设计师协会认证为设计师提供了国际视野的认可。这对于那些希望在国际市场上发展的设计师来说尤为重要，有助于拓展跨国界的职业机会。

获得国际室内设计师协会认证的设计师，往往在客户眼中更具权威性和专业性。这有助于建立客户对设计师的信任，提升设计师在市场上的竞争力。

（二）终身学习的理念

1.持续学术研究

（1）关注新兴设计理念和技术

①设计理念的更新

设计师应时刻关注新兴的设计理念，了解全球范围内的设计趋势。参与学术研究项目，深入探讨不同文化、社会背景下的设计概念，有助于拓宽设计思路，创造更具前瞻性的作品。

②技术的应用与创新

随着科技的不断进步，设计领域也涌现出各种新技术。持续学术研究可以帮助设计师了解并灵活运用新技术，如虚拟现实、增强现实等，为设计提供更多可能性。

（2）学术研究的贡献

①对行业的推动

通过积极参与学术研究，设计师不仅仅是行业的从业者，更是行业的推动者。通过发表研究成果，分享设计经验，为整个室内设计行业的发展贡献自己的力量。

②自我提升与创新

学术研究的过程是自我提升的过程。通过对问题的深入思考和研究，设计师不断提高自身分析问题和解决问题的能力，促使自己的设计更具创新性。

2. 参与行业培训与研讨会

（1）定期参加培训活动

①更新设计趋势

设计师应该通过参加行业内的培训活动，了解最新的设计趋势和潮流。这包括对材料、色彩、空间规划等方面的新理念和应用技巧的学习，帮助设计师保持市场敏感性。

②专业知识的深化

行业培训通常涵盖室内设计领域的各个方面，包括建筑技术、材料科学、人体工程学等。通过参与培训，设计师能够深化自己的专业知识，提升实际操作的能力。

（2）参与研讨会的价值

①交流与合作机会

研讨会是设计师与同行、行业专家交流的平台。在这里，设计师可以分享自己的设计经验，聆听他人的见解，有机会找到潜在的合作伙伴，共同探讨行业发展的方向。

②行业网络的建立

参与研讨会有助于建立广泛的行业人脉。通过与其他设计师、建筑师、供应商的交流，设计师可以更好地了解行业内的动态，获取合作机会，拓展职业发展的可能性。

3. 利用在线学习资源

（1）灵活的学习方式

①时效性的学习

在线学习平台为设计师提供了时效性的学习资源。设计师可以根据自己的时间安排，在线学习最新的设计理念、软件应用等，保持在行业中的竞争力。

②丰富的学科选择

在线学习资源涵盖了丰富的学科领域，从建筑设计、室内装饰到材料科学等。设计师可以根据个人兴趣和职业需要，选择适合自己的课程，实现个性化的学习路径。

（2）融入学术社区

①参与在线讨论与分享

在线学习平台常常设有讨论区和社交功能，设计师可以通过参与讨论、分享自己的学习心得，与全球范围内的学习者互动，拓展学术社区的影响力。

②多元化的学术资源

学术社区不仅仅局限于在线学习平台，还包括各类学术论坛、社交媒体等。设计师可以通过多元化的学术资源获取更广泛的信息，深度参与学术讨论。

第七章　室内设计的未来

第一节　室内设计的创新与发展

一、技术创新与设计工具

（一）数字化设计工具的应用

1. 三维建模技术

（1）现代建模软件的特点

①复杂几何形状的表达

新一代建模软件不仅支持传统的基本几何体，还能更灵活地表达复杂的几何形状，如自由曲面和非规则结构。设计师可以更精准地呈现设计概念，满足不同项目的特殊需求。

②实时渲染与交互性

现代建模工具通过实时渲染技术，使设计师能够在设计过程中立即看到效果。这种实时的交互性不仅提高了设计效率，还使设计师能够更直观地调整和优化设计。

（2）三维建模在室内设计中的应用

①空间布局的立体呈现

三维建模技术使得室内设计师能够以更真实的方式展示空间布局。设计师可以通过旋转、缩放和漫游等操作，深入了解空间的各个角落，为客户呈现更具沉浸感的设计方案。

②材料与纹理的精细展示

建模软件支持对材料和纹理进行精细调整，使设计师能够更好地模拟不同材质的外观。这有助于客户更好地理解设计师的想法，提升设计方案的表现力。

2. 虚拟现实和增强现实

（1）VR 技术在室内设计中的应用

通过虚拟现实技术，设计师和客户可以沉浸式地体验设计方案，仿佛置身于实际空间中。这种体验方式能够更全面地展示设计的感觉和效果，有助于客户更好地理解设计理念。虚拟现实为设计师和团队成员提供了实时的交互平台，可以在虚拟环境中进行设计讨论和调整。这种实时反馈有助于团队更迅速地达成共识，提高设计效率。

（2）AR 技术的实际运用

增强现实技术可以将设计方案叠加在实际场景中，为设计师和客户提供更直观的理解。设计师可以通过 AR 技术在现场演示设计效果，从而更好地调整和优化设计。AR 技术的应用使得客户可以更主动地参与到设计过程中，通过在实际空间中观察设计方案，客户可以提出实时反馈，设计师可以据此调整方案，实现更符合客户需求的设计。

（二）智能化家居与物联网的融合

1.智能家居系统

（1）智能照明系统

①光照调节与情景模式

智能照明系统通过传感器感知光线强度和环境变化，实现智能调节光照。设计师需要考虑不同空间的照明需求，并结合用户的习惯设置情景模式，提升空间的舒适度。

②节能与可持续发展

智能照明系统不仅提高了生活便利性，还通过自动调节实现能源的有效利用。设计师在项目中应关注智能照明系统的节能特性，以符合可持续发展的设计理念。

（2）智能安防系统

①视频监控与远程访问

智能安防系统整合了高清摄像头和智能检测技术，设计师可以通过合理布局摄像头，提升室内外安全性。远程访问功能使用户可以随时随地监控家庭状况，增加了居住环境的安全感。

②智能门锁与生物识别技术

设计师需要考虑智能门锁和生物识别技术的融入，提高家居安全性，采用指纹、虹膜等生物识别方式，为用户提供更便捷、安全的出入体验。

（3）智能温控系统

①温度与湿度自动调节

智能温控系统通过传感器监测室内温度和湿度，实现自动调节。设计师在空间规划中需考虑不同区域的舒适温度，提供更贴合用户需求的室内环境。

②节能与环保设计

智能温控系统的节能特性符合可持续设计的理念。设计师可以通过合理布局通风口、选择环保材料等方式，与智能温控系统协同工作，实现节能与环保的设计目标。

2.用户体验与定制化

（1）智能系统与用户习惯分析

①数据收集与分析

智能家居系统通过收集用户习惯数据，为设计师提供了更深入了解用户需求的机会。

设计师可以通过分析这些数据，为用户打造更个性化的智能化居住环境。

②用户参与反馈

设计师需要与用户充分沟通，了解其对智能化家居的期望。通过引导用户参与系统设置，设计师能够更好地实现智能系统与用户需求的精准匹配。

（2）定制化智能系统设计

①智能场景的个性化设置

设计师可以根据用户的生活方式和喜好，定制智能场景，如娱乐场景、工作场景等。这种个性化的智能场景设计不仅提升用户体验，还加强了空间的功能性。

②智能家居与定制化结合

智能家居的定制化设计是智能化家居中的一项重要趋势。设计师需要将智能家居与空间布局结合，满足用户对家居设计个性化的追求。

智能化家居与物联网的融合为室内设计带来了全新的挑战和机遇。设计师需要深入了解各种智能系统的特性，善于运用物联网技术，以提升用户居住体验为目标，打造更智能、便捷、贴近用户需求的室内设计。

二、可持续性创新与绿色设计

（一）可再生能源的应用

1. 太阳能与风能

太阳能与风能在绿色设计中扮演着至关重要的角色。绿色设计的核心理念是减少对环境的负面影响，通过最大限度地利用可再生能源，实现建筑的可持续性发展。因此，在室内设计中，设计师需要认真考虑如何融入太阳能和风能等清洁能源，以提高建筑的能源效益。

首先，太阳能作为一种广泛可用的清洁能源，具有巨大的潜力。太阳能系统可以通过光伏电池板将阳光转化为电能，为建筑提供可再生的电力来源。在设计过程中，设计师应该充分利用建筑的阳光照射面积，合理安排光伏电池板的布局，最大程度地捕捉太阳能，提高能源转换效率。此外，太阳能热水系统也是一个值得考虑的选择，可用于供暖和热水，进一步减少对传统能源的依赖。

其次，风能作为另一种重要的可再生能源，可以通过风力发电机转化为电力。建筑设计中，设计师可以通过考虑风的流向和速度，合理安排风力发电机的位置，以确保充分利用风能资源。风能不仅可以为建筑提供电力，还可以通过通风系统为室内空气提供新鲜空气，提高室内环境质量。因此，在绿色设计中，设计师需要综合考虑建筑的地理位置和气候条件，合理选择和配置风能系统，以实现最佳的能源利用效果。

再次，绿色设计强调整合多种可再生能源系统，以实现综合能源管理。设计师在考虑太阳能和风能的同时，还应该考虑其他可再生能源，如地热能、生物质能等。通过多元化能源系统的设计，建筑可以更好地适应不同的气候条件和能源供应变化，提高能源的稳定性和可靠性。此外，智能能源管理系统也是绿色设计的重要组成部分，通过先进的监测和控制技术，实现对能源系统的精准管理，最大程度地提高能源利用效率。

最后，绿色设计在推动可再生能源应用的同时，也需要注重与建筑其他方面的协调。设计师应该在保障建筑功能和美观的基础上，充分考虑可再生能源系统的融入，避免出现影响建筑整体设计和使用的问题。此外，绿色设计还需要与相关法规和标准保持一致，确保建筑的可持续性发展符合国家和地区的政策与要求。

总体而言，太阳能和风能作为绿色设计的重要组成部分，对建筑的能源效益和环境友好性起到了关键作用。设计师需要在整体规划中充分考虑可再生能源的应用，通过科学合理的布局和系统设计，实现建筑能源的最大化利用。

2. 节能技术

首先，可持续性创新在建筑领域的重要体现之一是通过采用先进的节能技术来提高建筑的能源效益。随着社会对环境可持续性的关注不断增加，设计师在建筑设计中越来越注重如何降低能耗、减轻对环境的负担。在这一背景下，高效的隔热材料成为一项关键技术。通过选择绝热性能卓越的材料，设计师可以有效减少建筑的能量散失，提高室内温度的稳定性，从而降低对空调和暖气系统的依赖，实现能源的进一步可持续利用。

其次，智能照明系统的应用是另一个重要的节能技术。传统的照明系统往往存在能源浪费的问题，而智能照明系统通过传感器和自动控制技术，可以根据环境光线和人流量自动调整照明强度。这种技术不仅提高了照明效果，还显著降低了能耗。设计师可以在建筑中合理布局照明设备，结合智能控制系统，实现室内照明的个性化和高效管理，进一步推动建筑能源的可持续利用。

再次，节能技术的应用还包括可再生能源的整合。除了利用太阳能和风能等清洁能源外，设计师还可以考虑采用地源热泵、生物质能等新兴的可再生能源技术。地源热泵通过利用地下温度稳定的特点，实现建筑的制热和制冷，大幅度减少了能源的消耗。生物质能则是通过利用有机废弃物等可再生资源，提供热能和电能。设计师可以根据建筑的实际情况选择最适合的可再生能源技术，并整合到整体能源系统中，以降低对非可再生能源的依赖，推动建筑向更加可持续的方向发展。

最后，节能技术的实施需要全方位的综合考虑，包括建筑结构、设备设施和居住者的行为等多个方面。在建筑结构方面，设计师可以通过优化建筑外墙、窗户和屋顶等结构，提高其隔热性能，减少热量传输。在设备设施方面，选择高效的供暖、通风、空调系统，以及智能化的能源管理系统，是实现节能目标的关键。此外，居住者的行为也直接影响建筑的能耗。设计师可以通过教育和引导，培养居住者的节能意识，鼓励他们采用节能设备、合理使用能源，共同参与到可持续能源利用的大局中。

（二）环保材料与循环利用

1. 可降解材料

首先，绿色设计的核心理念之一是采用可降解材料，以减少对环境的负担。可降解材料是指在自然条件下，通过生物降解或物理降解等方式迅速分解为无害物质的材料。这一设计理念的背后体现了对资源的可持续利用和对生态环境的保护的追求。设计师在选择可降解材料时，需要深入了解各种环保材料的性能和特点，以便在设计中灵活应用，实现建筑材料的可持续发展。

其次，了解可降解材料的性能至关重要。可降解材料的分类主要包括生物降解材料和物理降解材料。生物降解材料是指通过微生物作用，将材料分解为水、二氧化碳和有机物等天然成分，例如淀粉、聚乳酸等。物理降解材料则是指在自然环境中通过自然力量，如光、热、湿气等，使材料分解为较小的颗粒，最终归还于大自然。设计师需要了解这两类材料的性能差异，以便在特定的设计场景中做出合理的选择。

再次，绿色设计需要综合考虑可降解材料的实际应用。在建筑领域，可降解材料不仅可以用于装修和建筑结构，还可以应用于家具、装饰品等多个方面。设计师在选择可降解材料时，需要考虑其在特定用途下的性能要求以及与其他材料的协同性。例如，对于可降解塑料的应用，设计师需了解其强度、耐久性、耐候性等性能，以确保其在不影响建筑品质的前提下，实现对环境的最小负担。

此外，设计师还应关注可降解材料的生产过程对环境的影响。虽然可降解材料在使用后可以迅速分解，减少对环境的持续污染，但其生产过程中所产生的排放和废弃物也需要被纳入考虑。因此，选择可降解材料时，设计师需要关注其生命周期的整体环境影响，以实现对环境的综合保护。

最后，推动可降解材料的广泛应用需要多方合作。设计师、制造商、政府和消费者等各方都应积极参与推动绿色设计的实践。设计师可以通过引领潮流，提倡使用可降解材料，塑造消费者的环保意识。制造商则应当投入更多资源研发和生产可降解材料，推动技术的创新。政府可以通过政策引导和法规制定，鼓励可降解材料的研究和应用。而消费者则可以通过理性消费，支持和选择使用可降解材料的产品，共同推动绿色设计的发展。

2. 循环利用与再生设计

首先，可持续性创新的一个核心方向是推动材料的循环利用，以减少对自然资源的过度消耗。在这一理念的引导下，再生设计成为绿色设计领域的一个重要概念。再生设计旨在通过最大限度地延长材料的生命周期，减少废弃物的产生，并在产品设计中考虑后续再利用的可能性，从而实现对资源的有效再利用。

其次，循环利用的设计方法包括多方面的考虑。设计师可以通过设计具有可拆卸性的家具来促进循环利用。这意味着家具的各个部分可以方便地拆解和重新组装，以便在产品寿命周期结束时，方便分离各种材料进行再循环。此外，采用可回收材料也是一项关键策略。

设计师可以选择使用可回收的金属、塑料、玻璃等材料，以便这些材料在废弃后能够被重新收集、加工，并重新投入生产过程，形成循环利用的闭环系统。

再次，再生设计需要与材料循环利用的基础设施和技术相互配合。设计师在方案设计的同时，需要了解并充分考虑当地的废弃物处理和回收体系。在某些地区，可能存在对特定类型的废弃物的回收处理技术不足的问题，因此设计师需要选择更容易处理或更容易回收的材料，以便降低环境负担。同时，设计师还可以积极参与建设社会的可持续废弃物管理体系，推动社会对再生设计理念的普及和认可。

此外，再生设计还涉及产品生命周期管理的概念。设计师应该在产品设计的初期就考虑到产品的整个生命周期，从原材料的选择、生产、使用到废弃的每一个环节都要进行全面的规划。这包括设计产品时的材料选择，生产过程的能源效益，产品的耐久性和可维修性，以及产品废弃后的回收处理方式。通过全面管理产品的生命周期，设计师可以更好地实现资源的循环利用，减少对新鲜原材料的需求，从而降低对环境的影响。

最后，推动再生设计需要产业链各个环节的共同努力。设计师、制造商、供应商、消费者等各方都应该在循环利用和再生设计方面积极合作。设计师可以通过提倡再生设计理念，鼓励制造商选择可持续材料和生产工艺。制造商则可以通过采用先进的生产技术，提高产品的可拆卸性和可回收性。供应商可以提供更为环保的原材料，并积极参与循环利用体系的建设。消费者则可以通过支持购买可持续产品、合理使用和维护产品等方式，参与到整个再生设计的生态系统中，推动产业链向更加可持续的方向迈进。

总体而言，再生设计作为可持续性创新的一部分，通过最大限度地延长材料的生命周期、减少废弃物的产生，为建筑和产品设计注入了新的思维。设计师在推动再生设计的过程中，需要深入了解各种可循环利用的材料和技术，综合考虑产品的整个生命周期，并促使产业链上下游共同努力，实现资源的有效再利用。

三、室内装饰设计中柳编的运用与创新案例

（一）柳编的概述

柳编是以柳条为主要原料，通过一定编织技术而最终成为工艺品或实用品，其主要材料是柳，有垂柳、河柳、杞柳等繁多的种类。此外，柳叶、麦秆、茅草、玉米皮、竹、水草等也可做柳编材料，它们是能拉近人与自然距离、具有纯天然亲和力的纤维材料，在废弃处理过程中能节约能源和降低费用消耗的可持续性健康材料。这类环保型材料能满足大众对高品质绿色生活的追求，成为室内装饰设计材料中的主趋势。柳编材料整体具有柔韧性及易塑性，不同原材料被用来编织具有不一样艺术感和体验感的多种功能物品。例如，柳条具有天然的色泽美，粗细均匀，柔软易塑形。玉米皮需去掉最外面的老皮，颜色偏白，色泽较差，质感较为粗糙，纹理较宽，但却是最易上色的材料。柳编工艺是我国承载民族和当地特色地域文化的非物质文化遗产，保持着"有真意、去粉饰、少做作、勿卖弄"的

艺术气质。同时，柳编一直是人们美好愿望和期待的载体，"柳"透着绿意并象征着春意，是报春的使者，将它缠起盘于秀发上暗示着女子希望永葆青春。柳编编织技法是由许多材料按照一定规律和手法进行经纬线的排列组合，虽重复层叠却也不失变化和统一。

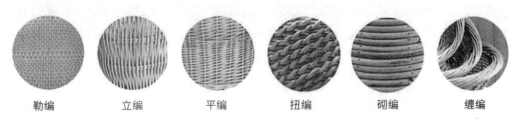

勒编　　　立编　　　平编　　　扭编　　　砌编　　　缠编

图 7-1　常见编织技法

如图 7-1 所示，各编织法都遵循着如连续、渐变、起伏、交错的节奏与韵律美，柳编，于多种形式变化中表现和谐统一，可提升室内空间装饰设计美感，彰显我国民间美术的造型美，精准把握形态规律变化，不同编织技法相互结合，突出材料美和编织技艺的智慧。例如，在制作儿童柳编用具时，可以灵活多变地利用编织纹样来实现其纹理造型的趣味设计，但儿童好动，需注意增加该类柳编器物的结构强度。此外，柳条是自然材料，所以存在着粗细差别，可根据创作需求进行分类和针对性编织，也能减少浪费、降低成本。

（二）柳编在室内装饰设计中的基础运用

1.室内装饰设计解读

首先，室内装饰设计是一个源远流长的西方设计领域，涵盖了对建筑内部硬装（如墙体、地面、顶面）和软装（如摆件、家具）的全方位装饰，旨在彰显室内空间的艺术表现力。这一设计领域既包括对不可移动结构的美化，也包括对可移动物品的巧妙搭配，为整个室内环境赋予深厚的艺术内涵。

其次，室内装饰设计不同于室内摆设和陈设，虽然它们之间存在联系，但并非相同概念。室内陈设侧重于物体表面的装点，强调直观的视觉美感；而设计则关注室内空间中除墙面外的其他可移动物品、家具以及艺术灯具等的组合关系。因此，室内装饰设计的范围更为广泛，旨在通过各种媒介全面展现室内整体艺术效果，赋予空间内在的思想和情感。

再次，室内装饰设计被认为是室内设计的灵魂，设计师在其中充当着创造能够表达居住者生活理念的空间的角色。设计师需要综合运用材料、色彩、工艺等多方面专业知识，以打造一个独特而有个性的室内环境。在这一过程中，传统手工艺柳编备受设计师青睐，因其符合绿色环保和可持续可循环的自然生态理念。柳编的"选材—制作—使用—废弃"整个生产过程几乎不会对人与自然造成伤害，因此在材料、工艺、颜色和造型等方面都具备巨大的设计潜力和市场价值。

最后，室内装饰设计的发展趋势在于更加注重创新和可持续性。设计师们不仅致力于打造美观的室内环境，同时关注绿色材料的运用和可持续设计理念的实践。传统手工艺的复兴与现代设计的融合，使得室内装饰设计更加富有深度和层次感。随着社会对可持续性的日益关注，室内装饰设计将继续演变，为人们提供更具品位和意义的居住体验。

2.柳编在室内装饰设计中的运用形式

（1）功能实用性单品

柳编在室内装饰设计中的应用形式可分为功能实用性。单品和艺术装饰性陈列单品两大类。通过智慧的运用，古代人创造了各类柳编家居器物。而随着社会的不断发展和人们生活需求的增加，柳编器具的实用性单品涵盖了"玩耍、储物、承载、包裹"等四个主要使用功能。

举例而言，柳编窝作为宠物窝的代表，不仅成本低廉，而且兼具宠物器具和玩耍空间两大功能。其造型多样，有"屋形"小房子，带有门窗和顶部设计；也有"篮筐形"，呈半开口状，如图7-2所示。柳编窝由于其多缝隙的设计，具备良好的透气性，而且边缘光滑，能更有效地保护宠物，防止被划伤。

另一个实用性单品的例子是图7-3中展示的相机保护套，属于包裹单品。柳编材质具备防震耐用的特点，为相机提供良好的保护性能。其别致的造型和田园风格使其不仅是一种实用物品，更是一件独特的装饰品。

在民间风情饭店中，柳编餐桌椅也是一款备受青睐的实用性单品。这种柳编家具不仅结实耐用，而且传递着浓厚的民间文化氛围，为餐厅营造独特的用餐氛围。

此外，在一些传统的柳编盛行的农村地区，人们习惯在重要场合如订婚、嫁娶、孩子出生时编制一些实用的柳编器物，如"簸箕"和"漏勺"，用于存放粮食。这既是对新人的祝福，同时也为新家增添了实用的家具。

然而，尽管柳编在室内装饰设计中的种类逐渐增多，但目前仍以注重实用性的家具单品为主导。尽管存在一定的创新，但整体上，柳编设计仍处于相对保守的状态，缺乏更多的前沿设计理念的引入。在未来的发展中，设计师们有望通过更深入的创新，为柳编在室内装饰设计中赋予更多的时尚和独特魅力。

图7-2　柳编宠物器具

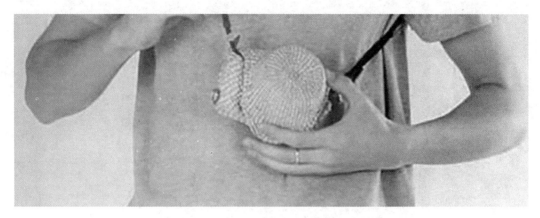

图 7-3　柳编相机保护套

（2）艺术装饰性陈列单品

首先，随着社会生活条件的不断提高，人们对生活空间品质的追求也逐渐升华，柳编在室内装饰设计中的第二种运用形式是注重艺术性和装饰效果的单品陈列。在追求柳编功能实用性的基础上，人们更加关注如何通过柳编制品为室内空间增添一份独特的艺术氛围。

其次，艺术装饰性陈列单品主要体现在壁挂、屏风、工艺饰品等方面。以图 7-4 中展示的柳编壁挂装饰物为例，其设计简洁而别致，用于点缀墙面，旨在创造简约而富有艺术感的室内环境。采用扭编技法的柳编葫芦艺术摆件则通过形态独特的设计传递吉祥如意的美好寓意。柳编壁挂花篮作为墙面装饰艺术品，通过材料的巧妙搭配，与绿植相结合，呈现更具生命力的艺术效果。

再次，除了追求纯粹的装饰效果，柳编艺术制品也注重实用性与美学的结合。图 7-5 中展示的柳编伞筐便是一个典型例子。伞筐采用多种编织技法，造型更加细腻，兼顾了盛放雨伞的功能，柳编材质与雨伞材质的碰撞组合创造了宁静和恬适的整体氛围。这种结合实用与美学的设计理念使得柳编艺术成为人们打造绿色家居环境的理想选择。

最后，柳编艺术在其材料的天然环保及可持续性方面具有独特优势。人们在现代设计中融入传统工艺制作，使柳编艺术呈现出带有装饰性的艺术造型。这种融合不仅满足人们对视觉和心理审美的需求，同时通过造型风格的多样变化，为大众带来不同的意趣生活。柳编艺术的发展趋势在于更深层次的创新和更广泛的应用，为室内装饰设计领域注入更多新鲜而独特的元素。

图 7-4 柳编壁挂装饰物

图 7-5 柳编伞筐

3. 柳编在室内装饰设计中的运用效果及前景

　　首先，柳编在室内装饰设计中的运用效果主要体现在实用性和装饰性单体的丰富多样。柳编制品作为家具和饰品的一部分，为室内环境带来自然、亲切的氛围。柳编采用柳条、柳叶等材料，这些材质具有亲民性，赋予室内空间温暖的氛围，有助于缓解主人的情绪，创造宜人的生活环境。然而，当前柳编在室内装饰设计中尚未充分发挥其优势，仅仅处于点缀和陪衬的地步。

其次，柳编的材料特性为其在室内装饰设计中提供了独特的优势。柳树具有速生的特性，且对环境适应性强，使得柳编制品在价格上相对较低，具有一定的市场竞争力。此外，现代社会的快节奏生活导致人们面临亚健康和低幸福感的问题，他们渴望在生活中寻找一方净土，回归自然。柳编的自然、绿色、温馨的特质与这一精神需求趋势相契合，为室内装饰提供了潜在的市场需求。

再次，尽管柳编在室内装饰设计中受到广泛喜爱，但其缺乏创新运用，使得其潜力未能充分释放。柳编急需在室内装饰设计领域进行创新，以更好地满足大众的精神需求。现代社会对绿色环保、自然回归的需求日益增长，柳编作为一种天然材料，有望成为满足这一需求的理想选择。创新的柳编设计可以通过结合现代设计理念、引入新的制作工艺和与其他材料的结合等方式，为柳编在室内装饰中赋予更多的功能和形式。

最后，柳编的创新运用不仅有助于满足社会需求，更能传承我国丰富的传统文化。柳编作为我国传统手工艺之一，其在室内装饰设计中的创新应当弘扬传统文化的同时，为柳编行业带来新的活力。创新的柳编设计还有望促进我国经济发展，为相关产业注入新的动力。柳编通过在室内装饰领域的深度创新，有望在全球市场中占据一席之地，为我国装饰产业的崛起做出积极贡献。因此，柳编在室内装饰设计中的前景十分广阔，需要设计师们更加深入地挖掘其潜力，实现创新发展。

（三）柳编在室内装饰设计中的创新方法

1.纳新重组，材料搭配

首先，材质在室内装饰设计中扮演着重要的角色，是设计师表达和实现设计理念的关键工具之一。柳编作为一种传统材料，虽然具有自然、温馨的特质，但在面临成本、运输和工艺等方面的挑战时可能失去竞争优势。柳编材料本身存在干燥易断裂的问题，而不当的消毒也可能导致病虫传播。因此，为了推动柳编在室内装饰设计中的创新，必须超越传统材料的限制，寻求更具竞争力的材料组合。

其次，柳编的创新不能仅停留于传统的柳条和柳叶等自然材料，而是应该尝试结合各种新型材料，以达到不同的艺术效果表现。一种可能的创新路径是将相同质感的自然材质相结合。柳条具有良好的韧性，但其组织疏松，支撑强度相对较小，通过与木质材料相结合，可以实现在色彩对比、材质的冷暖、设计情感和设计语言中的统一。这种组合不仅可以在视觉上呈现丰富的层次感，还能在实际使用中提高柳编制品的强度和稳定性。

如图7-6所示的柳编镜子，其设计巧妙地采用木棍作为外框结构，呈现出简洁而有力的造型。在外围结构中，柳编的编织作为绳固定结构，相对烦琐而丰富，为整体增添了层次感。整体呈现原木色系，凸显朴素自然的美感，为空间注入了温暖的氛围。

第二种创新方式是通过强烈对比反差的材料组合，为柳编制品赋予更多层次和丰富的视觉效果。在图 7-7 中，柳编框架采用了白色柔软的布艺作为界面，与原木色形成了明显的对比，呈现出清新而富有层次感的视觉效果。柳条与花色丰富的布艺结合，使产品更显舒适柔软，为柳编制品注入了趣味与温馨。此外，柳条与冰冷的金属结合，产生亦柔亦刚的视觉冲击，展现出现代时尚感。柔软的皮革与柳编结合，不仅保暖，而且在现代人造皮革的快速发展中，选择更加多样，与皮革的结合使产品显得优雅高贵。瓷器作为材料，层次多变，风格雅致，嵌入柳编产品中能够体现其情趣高雅，增加了东方韵味。合成树脂具有形状，其柔韧度与柳条相似，与柳编能够完美融合。此外，柳条与现代材料如玻璃、大理石、玻璃钢等的结合也能够产生视觉反差效果，突出柳编制品的活力、生命力、时代性和现代感。

这些创新的材料组合为柳编在室内装饰设计中带来了更广阔的可能性。通过与不同材料的结合，柳编制品可以更好地满足现代生活对于个性化、多样性和创新性的需求，为室内装饰领域注入新的艺术元素。这种多样性的材料组合使柳编设计更具表现力和实用性，为用户提供了更丰富的选择。

再次，除了与相同质感的自然材质相结合，柳编还可以运用实虚变化、整体与局部构图以及凹凸结合等技巧进行材质间的衔接和外在表现。例如，通过在柳编制品中引入金属或陶瓷等非自然材质，可以打破传统柳编的单一感，创造出更富有现代感和科技感的装饰品。这种跨材质的组合不仅丰富了柳编的表现形式，还提升了其实用性和艺术性。

最后，材质搭配的创新不仅可以为柳编在室内装饰设计中注入新的活力，还能解决传统材质的一些局限性。通过与新材料的结合，柳编制品的耐久性、易清洁性等性能得以提高，使其更适应现代生活的需求。此外，对于环保和可持续性的考虑，选择符合这些要求的新型材料也是柳编创新的一个方向。总体而言，材料搭配的创新是柳编在室内装饰设计中发展的关键，有望为其开辟更广阔的前景。

图 7-6　柳编镜子

图 7-7 柳编小提篮

图 7-8 艺术摆件

例如图 7-8 中，柳编自身的柔软度展现了衣裳的曲线，玻璃钢人形模特则光滑硬朗，加以深色木质基底，体现了自然材质与人工材质互为对比的组合手法。柳条材质在线条感硬朗的室内空间中可用作化设计，做有温度的设计，将室内空间调和到一种平衡的状态，以柳条作为面层，以木材、钢材、陶瓷等作为骨干框架，采用缠绕、编花、压挑、弯折等方式来塑造出点线面结合的多种形态，创新柳编产品的功能和装饰性。

2. 光影设计，氛围烘托

空间像人一样有着自己独特的气质，而光影恰好是气质表现的重要手法之一。光分为自然光和人造光两种，似一种具象的存在，更近乎一种抽象的信仰。光与光影对室内环境氛围感的体现是极尽温柔的表达。光只有透过空洞才会有造型，柳编制品的特点之一便是镂空，不同的编制技艺会形成不同的孔形，若能配以灯光，从内向外的照射便可营造光感艺术，如图 7-9 所示的灯罩艺术一般，这是对人造光与光影的设计表达。柳编还可以编织孔型艺术遮光帘，利用几种编织技法组合图形，让自然光在进入室内空间时来一场华丽的变身。

图 7-9　灯罩光影艺术

图 7-10　花篮

柳编除了本身编制的间隙外，还可编制成形态各异的单品，比如图 7-10 中的花篮，当灯光打在花边造型上而投影在桌面的光影图案也是一种艺术表现。此外，将柳编与壁画，挂画等相互结合，搭配以射灯，灯光在聚焦挂画的同时，也能在墙面留下稀疏的影子。当在顶部射灯或室外天光的作用下，柳编的间隙和各异形态都可呈现出斑驳流动的光影画面，特别是天光作用时，它会随着时间、光线的推移而不断发生光影变化。总结来说，其一，在做光与柳编的结合创新时，可考虑利用编织技法结合自然光或者人造光而形成镂空光影艺术；其二，在单品造型上做文章，借打光的方式做投影设计；其三，则是实用价值与装饰价值的集合，用于壁画挂画与射灯艺术做墙面疏影。柳编在室内装饰设计中基本以单一的产品形式存在，与光进行配合便能将产品的设计和情感的表达扩展延伸到空间的氛围中来，虚与实的结合层次多变。

3. 室内界面，肌理表现

肌理指的是形成物体表面的组织结构纹理，材料的不同往往影响着物体表面的组织、排列、构造等，最终产生了光滑或粗糙、软硬感和凹凸感等。肌理的体验是人们通过触觉而感知到的，这被认为是触觉肌理；但是长期的触觉体验会形成视觉感知，这就被称为视觉质感。柳编是具备材料自然肌理的，通过编织手法进而形成第二层肌理纹样，所以柳编的肌理感是非常丰富而有层次的。室内空间界面大多是人工材料的普遍使用，偏平整而没有过多肌理设计，缺乏灵动生命力，可将柳编材料肌理美结合墙面设计来实现创新。柳条经过重叠、挤压等技巧，最终成为具有凹凸对比的视觉效果的家具产品，关注柳编的材质肌理，进行不同墙面装修材料的组合以运用于空间立面。在这里共总结了几种运用的方式，首先是拼贴法，将柳编材质之间进行规律或非规则形式的平面组合，形成面积形式的二维感，利用胶粘的方式贴在室内墙面。其次是压印法，在柳编的表面涂上颜料或者其他染剂，在室内界面上压出肌理痕迹。第三种是拓印法，在柳编凹凸的肌理上涂上颜料，再用墙纸进行拓印，从而制作出柳编墙纸。最后一种是粉刷法，柳编结合乳胶漆粉刷于墙面的方式能单纯地将柳编肌理保留于墙面，和拼贴法的不同在于，拼贴法保留肌理的同时还保留自然真实的原色，此外在大型公共室内空间，柳编可以直接做吊顶造型设计或是作为吊顶上的装饰纹样材料，在空间中可运用 3D 打印、GH 等数字化设计对墙体隔断做异形创新，选择模块化现代制造技术，从小做单位零件再进行组装，这样就可以实现很多夸张造型，扩宽柳编在室内装饰设计中的应用形式，实现非物质文化遗产柳编的继承和发展。

4. 家具组合，故事情感

首先，当前全球人口的急剧增长使得人均用地变得更为紧张，迫使人们对居住环境进行重新思考。在这个背景下，微小空间设计成为当今社会中备受关注的议题。概念如"蜗居"和"胶囊公寓"已经不再陌生，为适应有限的居住空间，空间布局的合理性和家具产品的设计变得至关重要。微空间的特点在于面积有限，因此需要家具的设计具备高度的灵活性和适应性，以满足居住者的需求。

其次，21世纪的社会主要由80、90后组成，他们对生活的追求多变，生活周期相对较短，对于居住空间的更新频率也相应增加。在这一背景下，人们对家具的需求更加注重方便搬运，甚至可以是可拆卸、可组装的二维家具。柳编家具作为一种传统手工艺，需要适应时代潮流，进行创新。柳编以其温和的特性，将力量传递到人们的手掌，成为家具制造的理想材料之一。

再次，柳编家具的革新需要摆脱单一产品形式，向家具组合化的方向转变。通过将不同的柳编家具组合在一起，可以形成更具多样性和个性化的室内装饰效果。例如，设计可收纳到桌下的柳编凳，使得空间利用更灵活。同时，柳编家具需要向扁平化发展，考虑从三维到二维、从二维到三维之间的互相切换，折叠、组装、拆卸等设计元素的引入，使得柳编家具更加适应现代生活的需求。

最后，从销售的角度来看，柳编产品可以被赋予并具有情感和故事性的特质。结合柳编的手工艺和环保绿色优势，为柳编产品创造一个富有内容的名字，使其更容易引起消费者的心灵共鸣。这种情感价值的发挥不仅可以提升柳编产品的市场竞争力，还可以加深人们对柳编家具的品牌认知和忠诚度。通过在柳编产品中注入故事情感，可以更好地满足当代消费者对于个性化、情感共鸣的需求，实现柳编在室内装饰设计中的创新和发展。

5. 智能创新，融入科技

首先，随着智能科技的飞速发展和新型材料的涌现，智能家居已经成为大众生活中的常见物品，包括加湿器、扫地机器人、音响等。然而，当前的智能家居设计主要侧重于功能和多功能性，而往往忽略了材料的"温度"，即材料的质感和肌理美。在此背景下，柳编作为一种天然材料，可以为智能家居注入更多温暖和装饰感。

其次，为了实现柳编与智能科技的创新，可以在智能产品的外壳部分采用柳编材料或者设计柳编外衣，形成套系，既能起到保护作用，又能增加装饰感。柳编也可以直接用于智能产品的外壳，弥补智能产品在材料上带来的冷感，让室内空间更具生活温度，提升使用者的体验感。此外，可以通过技术手段提取柳编材料中的纤维用于新材料的制作，或者将柳编与蓄光型荧光材料结合，创造具有发光效果的新型材料。这种蓄光型荧光材料能够在吸收足够光能后释放出热量，呈现出发光效果，为柳编产品增添更多科技感和艺术感。

再次，柳编与智能科技的创新需要涉及更多科学技术专业知识和智能技术的领域，从材料科学到电子技术，从物理学到工程技术，都需要深入研究和应用。这样的跨学科合作将推动柳编在智能家居领域的创新，为室内装饰设计提供更具前瞻性和科技感的解决方案。

最后，我们得出结论，柳编因其天然的物理特性和蕴含的文化内涵成为室内装饰中备受推崇的元素。此处通过研究柳编产品及其材料在室内装饰设计中的应用，提出了柳编创新设计的多个角度。柳编产品不仅在材料和价格上具有优势，同时其绿色环保、可持续性的特点也符合现代人追求可持续发展的理念。未来，柳编的发展应当从柳编技术迈向柳编艺术，室内装饰设计将更加注重绿色生态，同时在传统与现代的结合中寻找更为创新的设计理念。

第二节　室内设计与未来城市的关系

一、城市化发展与空间规划

（一）城市化背景与挑战

1.城市化趋势分析

第一，城市化是当今全球最为显著和重要的社会变革之一。随着人口不断向城市迁移，城市化进程呈现出日益明显的趋势。这一趋势的首要原因之一是工业化和经济的发展，吸引了大量人口涌入城市寻求就业和更好的生活条件。城市作为经济、文化和社会资源的集聚地，为个体提供了更多的机遇和便利。设计师需要深入了解这一城市化的基本动因，以更好地把握城市发展的方向。

第二，城市化趋势的表现之一是城市规模的扩大。大城市的崛起和不断扩张是城市化的显著特征。这种扩张可能涉及城市边缘区域的开发，也可能表现为城市内部的密集化发展。设计师在室内设计中需要考虑到这一趋势，尤其是在设计住宅空间时，需要思考如何在有限的空间内创造更多的功能性和舒适性。同时，大城市的发展也伴随着更高层次的城市规划和管理，设计师需要密切关注城市的总体规划，以更好地融入城市的发展脉络。

第三，城市化趋势还表现为城市功能的多元化。传统上，城市主要是工商业的中心，但随着经济结构的调整和社会需求的变化，城市开始向多功能方向发展。例如，城市内涌现出了集住宅、商业、文化、休闲等多元功能于一体的综合性区域。这对设计师提出了更高的要求，需要在设计中融合多重功能，使得空间更加灵活使用，满足不同群体和活动的需求。同时，城市多功能化也意味着室内设计需要更注重与城市其他元素的协调，使得设计作品更好地融入城市的多元格局。

第四，城市化趋势对建筑和室内设计提出了可持续性的挑战。城市化不仅带来了对资源的更大需求，也导致了环境问题和能源浪费。为了适应可持续发展的要求，设计师需要关注节能、环保和循环利用等方面的设计原则。例如，采用绿色建筑材料、设计能效高的建筑系统，以及注重水资源的合理利用等都是在城市化背景下室内设计所面临的挑战。

第五，城市化趋势也对室内设计的文化融合提出了新的要求。城市作为文化的交汇点，不同文化在城市中相互交融，形成了多元的文化背景。设计师需要在设计中融入多元文化元素，以创造具有包容性和独特性的室内空间。这可能涉及从色彩、材料、装饰风格等方面融合多元文化元素，使得设计能够更好地反映城市的文化多样性。

2. 城市化带来的空间压力

第一，沟通与合作技能在设计领域中的重要性不可忽视。设计过程往往涉及多个层面的专业知识，而设计师需要与不同领域的专业人员、客户以及团队成员进行高效沟通，以确保项目的顺利进行。在这个背景下，团队协作的能力成为设计师成功的关键因素之一。

第二，设计师应该注重提升团队协作的能力。团队协作不仅仅是简单的分工合作，更需要团队成员之间的相互理解、协同合作以及有效沟通。设计师可以通过团队培训、工作坊等方式，提高团队成员的沟通技能、解决问题的能力，以及在紧迫情况下的协同工作能力。建立团队文化，鼓励开放的沟通和建设性的反馈，有助于建立一个积极而高效的工作环境。

第三，与不同领域的专业人员进行高效沟通是成功跨界合作的关键。设计项目通常需要与建筑师、工程师、室内装饰师、市场营销人员等多个领域的专业人士协同工作。设计师需要具备跨领域沟通的能力，理解不同专业领域的术语和需求，以便更好地协调项目中的各个方面。定期召开跨职能会议、制订清晰的项目沟通计划，有助于确保所有团队成员都明确任务和目标，提高项目执行的效率。

第四，有效的沟通技能也包括与客户之间的沟通。设计师需要能够理解客户的需求、期望和偏好，同时能够清晰地传达设计理念和方案。建立良好的客户关系是设计项目成功的关键因素之一。设计师可以通过开放的对话、反复确认设计方案、及时回应客户反馈等方式，确保设计与客户期望一致，并在整个设计过程中保持积极的沟通。

第五，设计师还可以通过技术手段来强化沟通与合作。在数字化时代，各种协作工具、项目管理软件和虚拟会议平台的应用已经成为提高团队效能的重要手段。设计师可以借助这些工具，实现实时的信息共享、项目进度的跟踪和团队成员之间的在线协作。这些技术手段有助于打破地理障碍，促进全球化团队的协同工作，提高设计项目的执行效率。

（二）空间规划的创新与发展

1. 多功能空间的设计理念

第一，多功能空间的设计理念是针对当代城市居住环境中有限空间的一种创新性回应。随着城市化的发展和人口的不断增长，居住空间的稀缺成为一个日益严峻的问题。多功能空间的设计理念通过最大化地利用每一寸空间，将一个空间打造成能够满足多种功能需求的场所，从而实现在有限空间内的最大化利用。

第二，多功能空间的设计需要充分考虑居住者的生活方式和需求。不同的人在同一空间内可能有不同的活动和需求，因此设计师需要在多功能空间设计中注重个性化和灵活性。这包括了解居住者的日常活动、兴趣爱好、工作需求等方面，以便为他们打造一个更符合实际需求的多功能环境。例如，一个家庭的多功能客厅可能需要考虑到娱乐、工作、学习等多种场景，因此需要灵活的家具设计和合理的布局。

第三，多功能空间的设计需要通过巧妙的布局和家具设计来实现。设计师可以采用可折叠、可拆卸的家具，以便在不同的场景下灵活调整空间的使用方式。墙壁上的嵌入式储物、折叠桌椅等设计元素都可以帮助实现空间的多功能性。此外,设计师还可以通过采用开放式空间设计、利用隔断等手法,将不同功能的区域有机地融合在一起,提高空间的利用效率。

第四,多功能空间的设计需要兼顾美观与实用。虽然功能性是多功能空间的核心,但设计师也需要注重空间的美感和舒适度。良好的设计应该能够在实现多功能的同时,使得空间呈现出和谐、统一的整体感。这可能涉及颜色搭配、家具风格的选择、光照设计等多个方面,要求设计师不仅具备室内设计的专业技能,还要对人居环境的美学有深刻的理解。

第五,多功能空间的设计理念不仅仅关乎单一的室内设计领域,还需要考虑到与建筑、工程、家具等多个专业领域的协同合作。设计师在项目中需要与建筑师、工程师等专业人员密切合作,以确保多功能设计在实际施工中能够得到有效的实现。跨领域的合作需要设计师具备广泛的知识背景和沟通协调的能力,以确保各个专业领域的需求得到充分考虑。

2. 可持续城市设计

第一,随着城市可持续发展理念的兴起,可持续城市设计已经成为当代室内设计领域的重要趋势之一。可持续城市设计旨在通过创新的设计手段,促进城市发展和人居环境的可持续性,以实现经济、社会和环境的和谐发展。在室内设计中,设计师需要与城市规划者、建筑师等专业人员紧密合作,共同倡导环保、节能、低碳的设计理念,从而为城市创造更为可持续的室内环境。

第二,可持续城市设计的核心理念之一是推动环保材料的广泛应用。设计师在材料选择上需要考虑到材料的来源、生产过程对环境的影响以及使用后的可再生性。可再生材料,例如可再生木材、竹材等,成为可持续城市设计中的重要选择。设计师可以通过深入了解各种环保材料的性能和特点,为项目选择符合可持续发展理念的材料,以减少资源的消耗和对环境的负担。

第三,节能设备的应用是可持续城市设计不可忽视的方面。在室内设计中,设计师应当考虑采用高效能源设备、智能照明系统、节能空调系统等技术手段,以降低能耗,减少对自然资源的依赖。通过整合先进的节能技术,设计师可以为城市创造更为节能和环保的室内空间,同时提升居住者的生活质量。

第四,室内绿色植物的引入是可持续城市设计中的一项有效措施。绿色植物不仅可以提升室内空间的美感,还能够改善空气质量、调节室内温湿度。通过合理布局和选择适宜的绿植,设计师可以打造一个更加健康、舒适的室内环境。此外,绿色植物的引入还有助于提升居住者的心理幸福感,与城市自然环境形成有机连接。

第五,可持续城市设计需要设计师关注社会文化因素,促进社区的可持续发展。社区的设计应该考虑到居民的需求,创造一个具有社会凝聚力和包容性的居住环境。设计师可以通过设计共享空间、社区农场等设施,促进邻里之间的互动,形成共同关心和维护的社区空间。这不仅有助于提升社区的可持续性,还为城市居住环境注入更多的人文关怀。

二、智能城市与数字化空间

（一）智能城市的概念与特征

1. 智能基础设施的建设

第一，智能城市作为当代城市发展的新趋势，强调通过信息技术来提高城市基础设施的智能化水平，从而优化城市管理、改善居民生活。在这一背景下，设计师在室内设计中需要首先思考如何将智能化技术融入，以实现居住环境的便利性和智能化水平的提升。

第二，智能化室内设计可以从智能家居系统入手。通过整合智能家居系统，设计师可以实现对居住环境的智能化控制，包括照明、温度、安防等方面。首先，设计师可以考虑采用智能照明系统，通过感应器、智能开关等设备，实现对照明的自动调控，提高能源利用效率。其次，温控系统也是智能化室内设计的一部分，通过智能恒温设备、可编程温控系统，实现对室内温度的精准控制，提高舒适度的同时降低能耗。同时，安防系统的智能化也是室内设计的重要方向，例如智能门禁、监控系统等设备可以提高居住者的安全感，实现对室内安全的实时监测和控制。

第三，智能化室内设计可以通过智能家居和装置的运用来提升居住便利性。设计师可以考虑整合智能化的家具，如可调节高度的智能桌椅、具有娱乐功能的智能沙发等，以满足不同功能和场景的需求。其次，考虑整合智能家居控制面板，通过触摸屏、语音识别等方式，实现对家居环境的集中控制。设计师还可以考虑将智能电器设备融入设计，如智能音响、智能电视等，为居住者提供更为便利和舒适的生活体验。

第四，智能化室内设计需要注重与城市智能基础设施的协同。设计师可以考虑与城市的智能交通系统、能源管理系统等进行连接，以实现更为全面的智能化体验。首先，与智能交通系统的协同可以通过设计智能停车系统、智能导航系统等，提高居住者在城市中的出行便利性。其次，与城市的能源管理系统的协同可以通过设计可再生能源的应用、智能能源监测系统等，实现对室内能源的高效利用，为城市能源可持续发展贡献一份力量。

第五，智能化室内设计需要关注数据隐私和安全问题。随着智能化技术的发展，室内环境中涉及大量的个人数据，设计师需要在智能化设计中注重隐私保护。首先，设计师可以通过采用隐私保护技术、安全加密手段等，确保智能化设备和系统的数据传输与存储的安全性。其次，设计师还可以在设计中考虑用户可控的隐私设置，使居住者能够更加自主地管理个人信息的共享和使用。

2. 数据驱动的城市管理

第一，数据驱动的城市管理是智能城市发展的关键驱动力之一。大数据技术的广泛应用为城市提供了更为精准和全面的信息，从而实现了对城市运行、资源分配、环境监测等方面的精细化管理。在这一背景下，室内设计师可以通过设计与大数据相关的智能家居系统，将居住者的行为和需求纳入城市管理的数据分析范畴，为城市决策提供更为有益的信息。

第二，智能家居系统作为数据驱动的室内设计的一部分，首先需要考虑如何获取和利用居住者的数据。设计师可以通过智能传感器、摄像头、智能设备等手段，实时采集和记录居住者的活动、习惯、偏好等数据。这些数据可以包括室内温度、光照强度、设备使用频率等多个方面的信息。通过对这些数据的分析，设计师可以更好地理解居住者的生活方式，为后续的室内设计提供有针对性的建议和优化方案。

第三，智能家居系统的设计需要考虑数据的安全性和隐私保护。在获取居住者数据的过程中，设计师应当采取有效的安全措施，防止数据泄露和滥用。首先，可以通过数据加密、权限管理等技术手段保障数据的安全传输和存储。其次，设计师还可以在系统设计中注重用户隐私的保护，例如提供可控的数据共享选项，让居住者更好地管理自己的个人信息。

第四，智能家居系统的设计需要具备数据分析和挖掘的能力。设计师可以借助大数据分析工具，对居住者数据进行深入挖掘，发现潜在的需求和行为模式。通过数据分析，设计师可以为城市管理者提供关于居住者生活方式、偏好趋势等方面的有益信息，从而帮助城市更好地满足居民的需求和提升居住体验。

第五，智能家居系统的设计需要考虑与城市管理系统的协同。设计师可以将智能家居系统与城市的大数据平台进行连接，实现对城市整体数据的共享和协同分析。首先，设计师可以通过与城市的交通管理系统协同，利用智能家居系统中的出行数据，为城市交通流量优化提供参考。其次，与城市的环境监测系统协同，可以通过智能家居系统中的室内环境数据，为城市环境治理提供更为全面的信息支持。

（二）数字化空间的设计挑战

1. 虚拟空间与实体空间的融合

第一，数字化空间的崛起带来了室内设计领域的一场革命，设计师需要首先深入思考虚拟空间与实体空间的融合问题。虚拟空间是通过数字技术构建的虚构世界，而实体空间则是我们日常生活中实际存在的物理环境。如何在这两者之间找到平衡点，以创造既具有数字化特色又能够满足居住者真实感受的室内环境，成为设计师亟须解决的关键问题。

第二，数字化空间与实体空间的融合需要设计师在概念层面上进行思考。首先，设计师可以通过深入研究数字化空间的特性和概念，挖掘其独特的设计语言和表达方式。其次，设计师需要在实体空间设计中灵活运用数字化元素，以实现数字与实体的有机结合。这包括了对虚拟和实体元素之间的比例、关系、互动性等方面进行深入思考。通过在概念层面上的精准把握，设计师可以在实际设计中更好地表达数字与实体的融合。

第三，设计师在数字化空间与实体空间融合的过程中需要关注用户体验。虚拟空间往往通过虚拟现实、增强现实等技术呈现，而居住者在体验这一数字化环境时需要得到真实感受。首先，设计师可以通过选择高质量的数字化元素，如高分辨率的虚拟现实设备或沉浸式的虚拟体验，以提升用户的感知体验。其次，设计师需要考虑数字化空间的交互性，使居住者能够在虚拟环境中自如地进行操作,增加真实感和参与感。通过关注用户体验,设计师可以更好地达到数字化与实体的融合目标。

第四,数字化空间和实体空间的融合涉及技术与设计的深度结合。首先,设计师需要了解并熟练运用虚拟现实、增强现实等数字技术工具,以将数字元素有机地融入实体空间中。其次,设计师需要考虑数字化元素的可持续性和维护成本,确保数字化空间在长期使用中能够保持良好状态。通过技术与设计的紧密结合,设计师可以更好地实现数字化与实体的融合,为居住者创造出令人惊艳且实用的室内环境。

第五,数字化空间与实体空间的融合需要设计师在项目实施中进行细致的规划和管理。首先,设计师可以通过建立明确的项目计划和工作流程,确保数字化元素的整合过程有序进行。其次,设计师需要与技术团队、工程师、制造商等多个专业领域的专业人员密切合作,协同推进数字与实体的融合。再次,设计师应充分考虑项目的预算、时间和资源等方面的约束,以确保数字化空间与实体空间的融合在实施中能够取得良好的效果。

2. 安全与隐私问题

第一,数字化空间的设计在关注用户体验的同时,更需要首先确保信息安全和用户隐私的保护。随着智能家居设备的普及和数字化空间的崛起,大量个人信息如居住者的行为习惯、生理数据等将在数字化空间中传输和存储。因此,设计师在数字化空间的智能家居设备设计中必须考虑安全性问题,以保障用户信息的隐私和安全。

第二,设计师应当从技术和硬件层面上首先着手,确保智能家居设备的信息安全。首先,可以通过采用高级的加密技术,如 SSL/TLS 协议,对设备间的通信进行加密,防止数据在传输过程中被恶意截取或篡改。其次,设计师可以采用更为安全的身份验证机制,如生物识别技术、多因素身份验证等,以防止未经授权的用户访问智能设备。通过在技术和硬件层面上的加密与认证措施,可以有效防范信息泄露和不当使用的风险。

第三,设计师在数字化空间的智能家居设备设计中需要注重软件安全。首先,设备的固件和软件应定期更新,以及时修复已知的安全漏洞。其次,设计师可以考虑采用安全开发生命周期(SDLC)的方法,将安全性集成到软件开发的各个阶段,确保软件在设计、开发、测试和维护的全过程中都具备较高的安全性。通过软件安全的保障,设计师可以有效降低系统遭受网络攻击和信息泄露的风险。

第四,设计师需要考虑用户隐私的保护,这包括对用户数据的合法获取和透明处理。首先,设计师可以通过设定明确的隐私政策,告知用户关于数据收集、存储和使用的具体信息,确保用户充分了解并同意数据的处理方式。其次,设计师可以提供用户可控的隐私设置选项,允许用户根据个人偏好和需求自主选择是否分享特定的信息。通过保障用户隐私,设计师可以增强用户对数字化空间的信任感和舒适感。

第五,设计师在数字化空间的智能家居设备设计中需要注重安全意识的培养。首先,可以通过对设计团队成员进行相关安全培训,使其具备安全意识和相关技能,从而在设计过程中能够主动识别和解决潜在的安全问题。其次，设计师应当与安全专家和网络安全机构合作，获取最新的安全信息和咨询，保持对安全领域的敏感度，及时了解和应对新的安全威胁。通过培养安全意识，设计师可以更好地适应日益复杂的网络安全环境，提高数字化空间的整体安全性。

第三节　室内设计师的未来职业发展趋势

一、多学科背景与跨界合作

（一）多学科背景的重要性

1. 建筑学、心理学等学科的融合

（1）建筑学的综合应用

建筑学的知识使室内设计师能够更好地理解建筑结构，从而在空间设计中实现美观与结构的有机统一。设计师应考虑空间布局对建筑整体结构的影响，实现空间美感与结构稳定的平衡。深入理解建筑材料的性质与特点，使设计师能够更有创意地将不同材料融合于室内设计中。这种综合运用提升了设计的艺术性和实用性，使空间呈现更丰富的层次与质感。

（2）心理学的人性化设计

心理学知识的应用使设计师能够更深入地了解用户的需求和期望，从而在设计中注入更多的个性化元素。考虑用户的心理感受，创造出更贴近人性化的室内环境，提升用户的舒适感与满意度。理解色彩对人的心理影响，设计师可以巧妙运用色彩来营造不同的空间情感，从而在设计中实现通过色彩表达情感，创造出有温度、有层次的室内环境。

2. 与其他专业的紧密合作

（1）与建筑师的协同工作

与建筑师紧密合作可以确保室内设计与建筑外观形成有机统一。通过协同工作，设计师可以更好地理解建筑师的设计意图，使室内空间与建筑外观相互呼应，增强整体设计的一致性。与工程师的密切合作使得室内设计在结构和功能上更加合理。通过深入了解建筑工程的技术细节，设计师能够在保证设计创意的同时，确保室内空间的结构安全性和功能实用性。

（2）与社会学家等专业的协同

社会学家的参与有助于室内设计更好地反映当地社会文化。通过了解社会背景、习惯和价值观，设计师可以创造出更符合当地文化氛围的设计方案，提升设计的社会适应性。

与环境专家合作，设计师可以更好地理解设计对环境的影响，从而采取更可持续的设计策略。减少对自然资源的依赖，提高室内设计的生态友好性。

（二）跨界合作的机遇与挑战

1. 设计师的角色转变

第一，跨界合作作为当代设计行业的新趋势，首先将设计师的角色从传统的空间规划者中解放出来，推动设计师成为更全面的问题解决者。这个转变首先要求设计师不再仅仅局限于空间设计，而是更加全面地考虑用户需求、社会影响、技术创新等多个方面。首先，设计师需要具备更为广泛的知识储备，不仅要熟悉建筑学、室内设计等相关专业知识，还需要了解社会科学、人机交互、材料科学等跨领域的知识，以更好地应对复杂多变的项目需求。

第二，设计师在跨界合作中需要从单一的问题解决者角色转变为更为全面的协同者。设计师需要与其他领域的专业人员，如工程师、社会学家、科技专家等密切合作，以形成更为全面的解决方案。其次，设计师需要具备卓越的团队合作和沟通能力，能够有效地与不同背景、专业领域的人员进行沟通，确保项目在不同领域之间的顺利协调。通过在跨界合作中的积极参与，设计师能够扩大自己的专业影响力，同时也为项目提供更具创新性和综合性的解决方案。

第三，设计师在跨界合作中需要更灵活地应对复杂问题。跨界合作通常涉及不同领域的专业知识，而设计师需要首先具备较强的学习和适应能力，能够快速理解并融入其他领域的知识体系。其次，设计师需要具备问题分析和解决的能力，能够深入挖掘项目中的难题，并提供创新性、全面性的解决方案。通过在跨界合作中不断拓展自己的专业技能和解决问题的能力，设计师能够更好地适应不断变化的设计环境，为项目的成功实施提供有力的支持。

第四，设计师在跨界合作中需要更加注重自身在多个领域的影响力。设计师不再仅仅是一个空间规划者，更是一个能够在不同领域中引领和推动创新的关键人物。首先，设计师需要通过在社交媒体、学术会议等平台上积极分享自己的设计理念和项目经验，建立起专业的个人品牌。其次，设计师可以通过参与社会公益、行业协会等活动，扩大自己的社会影响力，成为行业内的意见领袖。通过不断提升自身的专业水平和社会影响力，设计师能够在跨界合作中更好地发挥作用，为整个设计领域带来更为创新和有影响力的作品。

2. 沟通与合作技能的强化

第一，跨界合作在当今复杂多变的设计环境中日益成为主流趋势，设计师需要不仅仅是优秀的创意者，更要成为出色的团队协作者。首先，设计师需要认识到沟通与合作技能在成功的跨界合作中的重要性。在这个背景下，首先是对团队协作能力的提升，这涉及设计师的领导力、团队沟通和问题解决等多方面的综合能力。

第二，设计师需要培养高效的团队协作能力。首先，建立一个积极的团队氛围，促使团队成员之间建立良好的关系。其次，设计师应鼓励团队成员开展合作性的工作，通过分享经验和知识，实现协同创新。通过建立有利于团队协作的文化和氛围，设计师能够在跨界合作中更好地整合不同领域的专业知识，推动项目取得更大的成功。

第三，设计师需要具备高效沟通的能力。首先，设计师应当清晰地表达自己的设计理念和想法，确保团队成员对项目目标和方向有清晰的认识。其次，设计师需要倾听和理解来自不同领域的专业人员的观点和建议，形成共识。通过高效的沟通，设计师可以更好地整合跨界团队的资源，确保项目在不同领域得到充分考虑，达到更高的创造性和可行性。

第四，设计师在跨界合作中需要注重解决问题的能力。首先，设计师应当具备独立思考和解决问题的能力，能够在面对复杂问题时提出创新性的解决方案。其次，设计师需要鼓励团队成员积极参与问题的解决过程，通过协作的方式发掘问题的潜在解决途径。通过强化解决问题的能力，设计师可以更好地引导跨界合作的团队，应对各种挑战。

第五，在跨界合作中，设计师需要注重领导力的培养。首先，设计师需要具备激励团队的能力，通过明确的目标、有效的激励手段，激发团队成员的工作热情。其次，设计师需要有危机处理和决策能力，能够在项目中迅速做出明智的决策，确保项目的正常进行。通过培养领导力，设计师可以更好地引导和激励跨界合作的团队，实现项目的顺利完成。

二、数字化技能与技术专长

（一）数字化技能的必要性

1. CAD、BIM 等设计工具的熟练运用

第一，随着数字化技术的不断发展，室内设计领域对 CAD 和 BIM 等数字化设计工具的需求也日益增长。首先，设计师需要认识到这些工具的重要性，将其视为提高设计效率和准确性的关键工具。首先，对 CAD 和 BIM 的深刻理解将是未来室内设计师必备的基本素质。

第二，CAD 作为室内设计领域最基础的数字化设计工具之一，首先需要设计师具备熟练运用的能力。首先，设计师应当深入了解 CAD 的基本原理和操作技巧，能够高效地进行二维和三维的设计。其次，通过熟练掌握 CAD 的各项功能，设计师可以更加灵活地进行空间规划、家具布局等设计工作，提高设计效率。通过首先建立对 CAD 的深刻理解和熟练运用，设计师能够在日常设计中更为轻松地完成各项任务。

第三，BIM 作为数字化设计的新兴工具，在室内设计领域也日益受到关注。首先，设计师需要理解 BIM 的基本概念和工作原理。其次，通过首先了解 BIM 的数据结构和信息模型，设计师可以更全面地把握整个设计项目，从而实现从建筑结构到装饰材料的一体化设计。其次，通过首先使用 BIM，设计师能够更好地进行协同工作，与其他设计专业人员共享信息，提高团队的工作效率。通过首先将 BIM 纳入设计流程，设计师能够更好地实现设计方案的综合性和协同性。

第四，设计师在运用CAD和BIM工具的过程中，首先需要不断学习和更新知识。首先，由于数字化设计工具的更新换代较快，设计师需要时刻关注行业的最新动态，掌握最新版本的CAD和BIM软件的新功能和特性。其次，通过不断学习和提升自己在CAD和BIM领域的专业技能，设计师可以更好地适应数字化设计工具的发展趋势，提高自己的竞争力。通过首先保持学习的姿态，设计师能够更好地适应数字化工具的更新，保持在行业中的领先地位。

第五，设计师需要在实际项目中不断实践和积累经验。首先，通过在实际项目中广泛运用CAD和BIM，设计师能够更深入地理解这些工具在不同设计阶段的应用方式。其次，通过首先积累实践经验，设计师可以发现CAD和BIM在解决具体设计问题时的优劣势，形成更为成熟的设计思维。通过首先将理论知识与实践经验相结合，设计师能够在数字化设计中更为游刃有余地应对各种复杂情境。

2. 虚拟现实和增强现实的应用

第一，随着数字技术的迅猛发展，虚拟现实和增强现实等新兴技术在室内设计领域的应用逐渐成为设计师创新的热点。首先，这些技术为室内设计师提供了更多的创新可能性，可以更直观、全面地呈现设计方案，提升设计体验。首先，设计师需要不断学习和应用这些新技术，以跟上数字化潮流，为客户提供更具交互性和沉浸感的设计方案。

第二，虚拟现实技术为室内设计提供了全新的呈现方式。首先，通过虚拟现实眼镜等设备，设计师可以创建虚拟的三维空间，使客户仿佛置身于设计场景之中。其次，设计师可以通过虚拟现实技术实现实时漫游，客户可以在虚拟空间中自由走动，感受不同角度的设计效果。通过首先运用虚拟现实技术，设计师能够使设计方案更为直观、真实，提高客户对设计的理解和认可度。

第三，增强现实技术则通过将虚拟信息叠加到现实场景中，首先提供了一种全新的交互方式。首先，设计师可以在客户现实环境中呈现设计方案的虚拟元素，例如家具摆放、颜色搭配等。其次，通过AR技术，设计师可以与客户实时交流，调整设计元素，满足客户个性化的需求。通过首先采用增强现实技术，设计师能够在设计过程中与客户更加互动，实现更精准的设计。

第四，设计师在学习和应用虚拟现实和增强现实技术时，首先需要关注硬件设备的发展。首先，设计师需要了解最新的虚拟现实和增强现实设备，如头戴式显示器、手持式AR设备等。其次，了解这些设备的性能和适用场景，有助于设计师更好地选择和配置设备，提高工作效率。通过首先关注硬件设备的发展，设计师能够更好地融入数字技术，为设计带来更多可能性。

第五，设计师需要在应用虚拟现实和增强现实技术时，首先注重软件工具的掌握。首先，熟练使用相关的设计软件和平台，能够更高效地将设计方案转化为虚拟或增强现实体验。其次，关注虚拟现实和增强现实技术领域的创新，及时学习和应用新的软件工具，保持在数字化方面的专业水平。通过首先熟练掌握软件工具，设计师能够更灵活地应对设计项目的需求，提高工作的创造性和可行性。

（二）技术专长的发展机会与挑战

1. 与工程师的紧密合作

第一，数字化技能的不断发展使室内设计与工程领域之间的联系变得更加紧密。首先，室内设计师需要认识到数字化技能在设计领域的重要性，了解其在设计和工程实施中的关联。首先，这种认识将为设计师提供更广阔的视野，使其能够更好地运用数字化技能与工程师深度合作，共同应对设计和技术方面的挑战。

第二，数字化技能的广泛应用为室内设计师与工程师之间的深度合作提供了契机。首先，设计师需要与工程师密切沟通，了解项目的技术要求和工程约束。其次，通过对项目的数字化技术需求的深入了解，设计师能够更好地进行设计方案的规划，确保设计与工程实施之间的协调性。通过首先建立起紧密的沟通与合作机制，设计师与工程师能够在项目的初期就共同制定数字化设计方案，提升整体的可行性。

第三，数字化技能的深度融合为设计师与工程师之间的合作提供了更多的创新可能性。首先，数字化技能可以帮助设计师在建筑信息模型中创建更为详尽的设计，方便工程师更好地理解设计意图。其次，设计师可以通过首先利用数字化技术，模拟和分析设计在施工过程中的各个环节，提前发现潜在的问题，并与工程师共同制定解决方案。通过首先在数字平台上进行合作，设计师和工程师可以更高效地共同实现项目的目标，提高整体的工作效率。

第四，数字化技能的共同应用将设计师与工程师的角色更为贴近。首先，设计师需要首先深入了解工程师的视角，理解其对技术和实施的专业需求。其次，通过首先拥有一定的工程知识和数字化技能，设计师能够更好地与工程师沟通，解决设计方案中的技术问题，提高整体的设计可行性。通过首先拓宽自己的专业领域，设计师与工程师能够更好地协同工作，共同推动项目的成功实施。

第五，数字化技能的应用需要设计师与工程师之间形成紧密的团队合作。首先，设计师与工程师需要首先建立起良好的工作关系，建立相互信任的基础。其次，通过首先共同参与项目的初期规划和设计，设计师与工程师能够在团队中形成紧密的协作模式，共同解决数字化设计中的技术问题。通过首先形成紧密的团队协作机制，设计师与工程师能够充分发挥各自的优势，提高整体团队的执行力。

2. 面临技术更新的挑战

第一，随着科技的不断演进，设计领域面临着来自新技术的挑战。首先，这些新技术的涌现对设计师提出了更高的要求，需要设计师具备对新技术的敏感性和学习适应能力。首先，设计师需要认识到技术更新对其职业发展的重要性，将其视为不可忽视的趋势，以提升自身在数字化时代的竞争力。

第二，技术的快速更新意味着设计师需要持续学习和不断适应新工具的使用。首先，设计师应主动关注行业中最新的技术动态，了解新技术对设计实践的影响。其次，通过参与培训、研讨会和专业交流，设计师可以更深入地了解新工具的应用方法和最佳实践。通过首先建立起持续学习的习惯，设计师能够更好地应对技术更新带来的挑战，确保自身在职业生涯中保持竞争力。

第三，新技术的涌现不仅仅是设计工具的更新，还包括设计理念和方法的变革。首先，设计师需要首先拓展自己的设计思维，适应不同领域的交叉融合和跨界合作。其次，通过主动参与创新项目和多领域的合作，设计师可以在实践中不断尝试新理念，形成更富创造性的设计思路。通过首先拓展设计思维和实践经验，设计师能够更好地应对技术更新所带来的设计理念和方法的转变。

第四，设计师在面临技术更新的挑战时，首先需要建立起团队合作的机制。首先，设计师可以与其他领域的专业人员建立联系，共同解决新技术应用中的问题。其次，通过与技术专家、工程师和其他设计师的深度合作，设计师能够更好地理解新技术的实际应用场景，促使设计方案更贴近实际需求。通过首先建立起团队合作机制，设计师能够充分发挥集体智慧，应对技术更新的挑战。

第五，设计师需要在职业生涯中持续注重个人素养的提升。首先，通过自我反思和不断总结经验，设计师能够更好地发现自己在新技术应用中的不足之处，并制定相应的提升计划。其次，通过参与行业认证和专业培训，设计师可以不断提升自己的专业水平，保持对技术更新的敏感性。通过首先关注个人素养的提升，设计师能够更好地应对职业发展中的技术挑战，不断提升自身的综合能力。

参考文献

[1] 郑蔚青. 健康视角下绿色低碳社区设计研究 [J]. 工业设计，2022（9）：101—103.

[2] 陈芝曦. 绿色生态理念在住宅建筑设计中的运用 [J]. 住宅与房地产，2022（26）：71—74.

[3] 黄乙. 基于最终用户的商品住宅建筑设计分析 [J]. 居舍，2022（26）：99—102.

[4] 王洪霞. 高层住宅设计与装饰装修的技术探讨 [J]. 居舍，2022（26）：157—160.

[5] 宝音乌力吉. 节约型理念在住宅项目设计中的应用探究 [J]. 居舍，2022（25）：93—96.

[6] 蒙飞，张勇，刘旭峰，陈力. 某严寒地区低碳住宅建筑设计研究 [J]. 居舍，2022（25）：105—108.

[6] 张悦. 现代办公室室内设计用色研究 [J]. 明日风尚，2020（17）：71—72.

[7] 黄皓. 现代办公楼室内设计方式分析与研究 [J]. 建筑建材装饰，2018（11）：218，221.

[8] 王精崑. 现代办公室室内设计用色研究 [J]. 美术教育研究，2018（5）：60—61.

[9] 唐紫蓓. 基于绿色室内设计理念的办公空间设计课程研究 [J]. 建筑技术研究，2020（7）：13—14.

[10] 产婵，李云杰，吴静. 便携式装配绿化在室内设计中的应用 [J]. 工业设计，2019（5）：93—94.

[11] 彭子哲，管雪松. 基于环保理念的联合办公空间设计研究 [J]. 家具与室内装饰，2019（9）：110—111.

[12] 高莲萍. 现代学徒制在高职"公共空间室内装饰设计"课程中的应用与探索 [J]. 课程教育研究，2018（33）：238—239.

[13] 王唯佳. 广西壮侗传统民居结构在室内公共空间装饰设计中的运用与研究 [J]. 居业，2017（02）：81—83.

[14] 李方联. 基于地域文化特色的常州地铁公共空间装饰设计 [J]. 城市轨道交通研究，2022，25（11）：165—166.

[15] 张菲. 基于工作过程的项目化课程设计与探索——以"公共空间装饰设计"课程为例 [J]. 江苏经贸职业技术学院学报，2011（6）：90—92.

[16] 衣琰. 绿色生态理念下的公共建筑空间装饰设计研究 [J]. 美与时代（城市版），

2022（07）：80—82.

[17] 李鸿明，李玟.纸材料在公共空间装饰设计中的创新应用研究 [J]. 中国造纸，2021，40（11）：3—4.

[18] 刘锦羽.柳编在包装设计中的传承与创新 [D].青岛理工大学，2020：2—3.

[19] 刘美，顾颜婷，申黎明.浅析柳编工艺及其产品的发展现状与应用[J].设计艺术研究，2019，9（3）：16—20.

[20] 崔晓磊，武芊芊.基于柳编工艺的室内界面设计 [J].美术教育研究，2018（14）：59.

[21] 刘锦羽.柳编装饰色彩多样性研究 [J].西部皮革，2019（41）：33.

[22] 李梅艳.推陈出新与混搭风格—现代居住空间室内陈设研究 [D].合肥工业大学，2013：6—9.

[23] 徐文，江其珊.绿色设计理念在室内设计中的应用研究 [J].家具与室内装饰，2016（12）：16—17.

[24] 李彦辰，郭晨晨，赵雁.鲁南柳编工艺在现代家具设计中的应用[J].家具与室内装饰，2017（12）：70—72.

[25] 毛柳青.室内光影设计要点探究 [J].明日风尚，2017（02）：30.

[26] 张艺苗.试论灯光元素在室内设计中的应用[J].设计，2015（13）：62—63.

[27] 潘鸿飞.现代柳编工艺中的材质运用与创新 [J].华北水利水电学院学报（社会科学版），2013（06）：146—149.

[28] 石洁，张绿乔.当手工艺遇上新主义——基于柳编材料的组合家具设计探究 [J].设计，2014（12）：125—127.

[29] 崔晓磊.柳编家具设计策略与创新研究 [J].林产工业，2020，57（10）：31—35.

[30] 李彦辰，郭晨晨，赵雁.鲁南柳编工艺在现代家具设计中的应用[J].家具与室内装饰，2017（12）：70—72.

[31] 金继盛，褚劲劲，王仲.基于情感化设计的传统手工艺创新设计探索——以阜南柳编为例 [J].设计，2020，33（15）：147—149.